U0184270

李四光纪念館系列科普丛书

听李四光讲古生物的故事

李四光纪念馆
编著

北京大學出版社
PEKING UNIVERSITY PRESS

图书在版编目（CIP）数据

听李四光讲古生物的故事 / 李四光纪念馆编著 . — 北京 : 北京大学出版社, 2020.7
（李四光纪念馆系列科普丛书）
ISBN 978-7-301-25072-3

Ⅰ . ①听… Ⅱ . ①李… Ⅲ . ①古生物 – 青少年读物 Ⅳ . ① Q91-49

中国版本图书馆 CIP 数据核字（2020）第 094451 号

书　　名	听李四光讲古生物的故事 TING LI SIGUANG JIANG GUSHENGWU DE GUSHI
著作责任者	李四光纪念馆 编著
责任编辑	张亚如
标准书号	ISBN 978-7-301-25072-3
出版发行	北京大学出版社
地　　址	北京市海淀区成府路 205 号　100871
网　　址	http://www.pup.cn　　新浪微博 : @ 北京大学出版社
微信公众号	通识书苑（微信号: sartspku）
电子信箱	zyl@pup.pku.edu.cn
电　　话	邮购部 010-62752015　发行部 010-62750672　编辑部 010-62753056
印 刷 者	天津图文方嘉印刷有限公司
经 销 者	新华书店 787 毫米 ×1092 毫米　16 开本　8.75 印张　128 千字 2020 年 7 月第 1 版　2022 年 9 月第 3 次印刷
定　　价	58.00 元

前　言

亲爱的读者小朋友：

你知道我国著名的科学家、教育家李四光先生吗？他可是新中国地质事业的开拓者，是科学家的杰出代表，也是很多小朋友心目中的偶像。李四光先生小时候就非常聪明好学，酷爱读书，就像达尔文那样，对大自然充满了好奇，每每遇到关于神秘的大自然的书，他甚至不吃饭、不睡觉也要先把书看完。也正是由于这种对知识的无比向往，他 15 岁就赴日本留学，后来又在英国伯明翰大学先学采矿，后学地质，获得了硕士学位。1931 年，他被伯明翰大学授予博士学位。他把对自然的热爱变成了一种钻研的动力，不仅提出了古生物“䗴”的鉴定方法，而且发现了我国东部第四纪冰川的遗迹，创立了地质力学。他用力学的方法研究和解决地质问题，在全世界都很出名呢！

1950 年，李四光先生放弃了国外的优厚条件，历尽千辛万苦，克服重重阻挠，回到了祖国的怀抱。他身边的好多朋友都感到不解，面对质疑，李四光先生坚定地回答：“我理所当然地要把我所学的知识全部奉献给我亲爱的祖国。现在，我的祖国和人民还在贫困中挣扎，我应当回去，用我所学的本领去改变祖国的面貌。”可见李四光先生不仅学识渊博，还怀有对祖国深深的爱！

回国之后，李四光先生把全部的精力都用在了建设祖国上面。作为新中国第一任地质部部长，他不仅带领广大地质工作者摘掉了我们国家“贫油”的帽子，还发现了好多国家建设急需的矿产资源。1955 年，他当之无愧地入选新中国的第一批学部委员！

当时的国家领导人毛泽东主席非常关心和支持李四光先生的工作，曾经和他一起从天体起源谈到生命起源，还说很想看李四光先生写的书。李四光先生很受鼓舞，就在工作之余，写成了《天文·地质·古生物》一书。这本书有 17 万字，还有 60 多张精美的照片和插图，从地球的起源谈起，讲到了人类探索地球的方法、过程和取得的成果，介绍了生命的起源和演化，以及地球内部的秘密。从这本书里，我们能够看到李四光先生渊博的学识以及对大自然深深的热爱！

本书正是由李四光先生的《天文·地质·古生物》一书关于古生物的内容改编而成，带领大家开启一段探索生命演化奥秘的全新旅程。我们将跟随李四光先生穿越时空，回到生命诞生之初，看一看生命如何完成从无到有的壮举，揭开生命起源的奥秘。然后顺着时间的脉络，看一看原始的生命如何克服重重困难，迎来寒武纪的大爆发，看一看古生代海洋中的生命如何向陆地发起冲锋，中生代神秘的恐龙王国为何突然灭亡，以及我们人类又是如何一步步走向繁荣。相信经过这段旅程，大家一定会对生命的起源和演化有一个全新的认识。话不多说，就让我们一起开始这段美妙的旅程吧！

目 录

第一部分

化石——尘封的印记　001

地史变迁　001

化石是怎么形成的　006

听化石讲故事　010

第二部分

生命的诞生——在显生宙之前　019

生命起源的学说　019

团结起来，欣欣向荣　026

生命大爆发的前夕　031

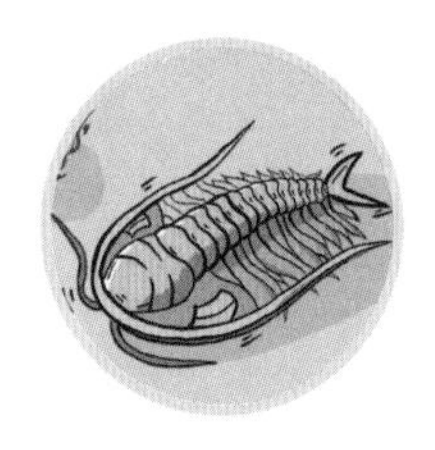

第三部分

古生代——从占领海洋到征服陆地 038

寒武纪生命大爆发 038

生机勃勃的海洋 043

鱼类——从诞生到辉煌 058

迈向陆地的先锋队 068

征服陆地的“鱼” 075

第四部分

中生代——恐龙王国的兴衰 083

以陆地为家 083

恐龙——中生代陆地之王 088

恐龙的兄弟姐妹 096

从“裸子”到“被子” 100

飞上蓝天的“恐龙” 105

第五部分

新生代——哺乳动物的天下 109

恐龙灭绝之后 109

冰河世纪 112

人类的演化 116

地球生命的未来 128

第一部分

化石——尘封的印记

地史变迁

地球也有“年轮”！

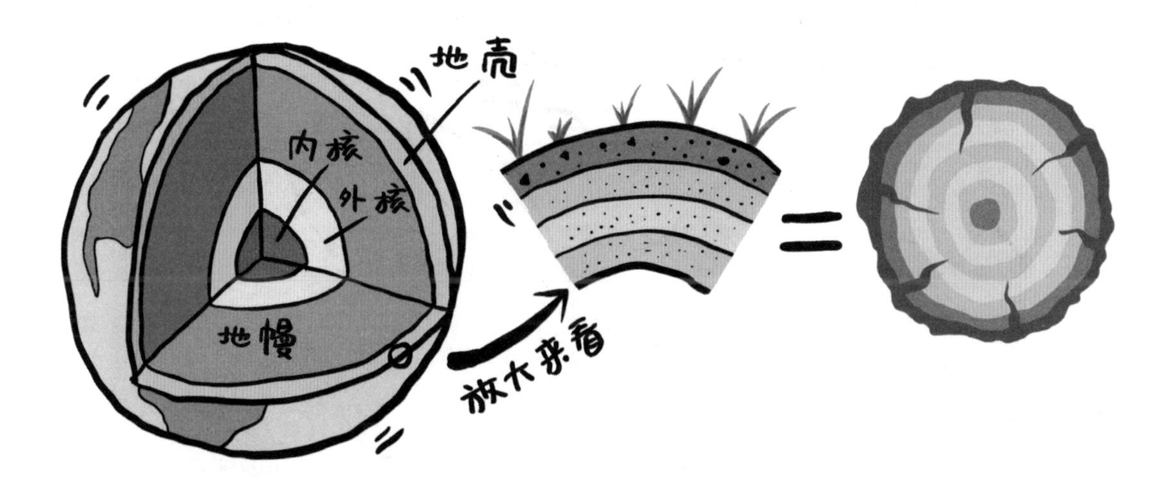

你有没有注意到，路边的小树苗慢慢地变粗变高，逐渐长成参天大树？这些树苗在变粗变高的过程中，它们的躯干会长出一圈圈年轮，就像穿上了一层层外衣。这些年轮记录着树苗的成长。根据年轮的数量，我们就可以知道树木年龄。相比一棵大树，地球的年龄可要老得多，我们怎么去了解地球的成长史呢？这可难不倒目光敏锐的地质学家。他们发现，地球也有一种类似“年轮”的东西，那就是地层！下面，就让我们来看看地层长什么样子吧！

记录地球历史的地层

其实，地层无处不在。告诉你一个小秘密：我们每天去上学时，走过的马路下面就有地层！只不过，它们藏在沥青或水泥下面，我们找不到它们的踪迹，但当它们抬升到地面以上形成山峰时，便露出了“马脚”。我们去爬山时，有时候会惊奇地发现，这些山峰竟然是由一层层五颜六色的岩石叠起来的。为了便于描述，地质学家将这些层状岩石称作地层，而这一层层岩石就是地层的“庐山真面目”。就像小树苗会不断变粗一样，地球自诞生并稳定以来，每过一段时间就会“长”出一层地层。这些地层厚薄不一、颜色各异，就像树木的年轮一样，记录着地球的成长历史。而地质学家正是通过研究地层的各种特征，揭示地球演化过程中的种种谜团。

神奇的“千层饼”

地层无处不在，每一层地层都有它的与众不同之处。地层那么复杂，要怎样去认识和了解它们呢？大家有没有吃过美味的千层饼呢？千层饼有的层脆脆的，有的层软软的，有的层甜甜的，有的层咸咸的。虽然每一层都不一样，但是它们主要是由面粉制成的。同理，地层虽然形态各异，但是它们都是由岩石组成的。因此，我们只需要观察这些岩石的不同组合，就可以认识地层啦。

相比于地层的种类，组成地层的岩石的种类就少了很多。在《听李四光讲地球的故事》一书里，我们已经了解到地球的三大岩类：沉积岩、岩浆岩和变质岩。作为地球的"外衣"——地层，也是由这三类岩石组成的。就像千层饼中面粉和调料的不同组合会产生不同的口味，不同的岩石组合也会形成不同的地层。因此，分析这些岩石组合，就是我们打开地层奥秘之门的"金钥匙"。

像指纹一样永不重复的地层

为什么每一层地层都不一样呢？大家还记得树木的年轮吗？在夏天的时候，雨水光照充足，年轮会比较宽；而到了冬天，天气寒冷干燥，年轮会比较窄。地球也是一样，在不同的时期，会有不同的环境，因而也会"长"出不同的地层。甚至可以这么说，每次环境的突然变化，就是新地层"生长"

的绝佳机会。当然，不同于树木，地层的“生长”非常缓慢，一组地层可以连续“生长”上万年甚至上百万年而不发生变化，直到有新的地层取代它继续“生长”，就像拿一页新的纸叠上去一样。

这些道理看起来很简单，但是人类对地层的认识却经历了漫长的历史，直到 17 世纪，丹麦医生斯坦诺在意大利北部山脉发现“上面的地层比较新，下面的地层比较老”，人们才逐渐了解到，原始的地层从下到上，其年代是从老到新的。这就是著名的**地层叠覆率**。

地层——地球的“日记”

大家都写过日记吧，把每一天的经历都记录到日记中，那些文字便成了我们日后宝贵的回忆。那么，地层记录地球的历史，是不是也像日记一样呢？既然有了这本地球的“日记”，那么我们是不是就可以追溯地球过去发生的故事呢？

数百年来，地质学家们从未停止过探索地层的步伐，他们的传奇经历丝毫不亚于勇敢的探险家们。因为地球这本日记太过艰深复杂，为了便于人们理解，聪明的地质学家为日记写下了简洁的目录——地质年代表。地质年代表主要包括“宙”“代”“纪”“世”这四大层次。其中，“宙”是最大的层次，相当于图书的“篇”，“代”相当于图书的“章”，“纪”相当于图书的“节”，“世”相当于图书的“页”。就像我们的日记可以分为春夏秋冬四大篇，我们地球的成长史也可以由老到新分为“冥古宙”“太古宙”“元古宙”和“显生宙”。在显生宙之前的漫长地质历史时期，生命发展非常缓慢；进入显生宙之后，生命繁荣发展，各种生命开始大显身手。显生宙又依次分为古生代（包括早古生代和晚古生代）、中生代及新生代。看到这儿，你有没有豁然开朗了呢！

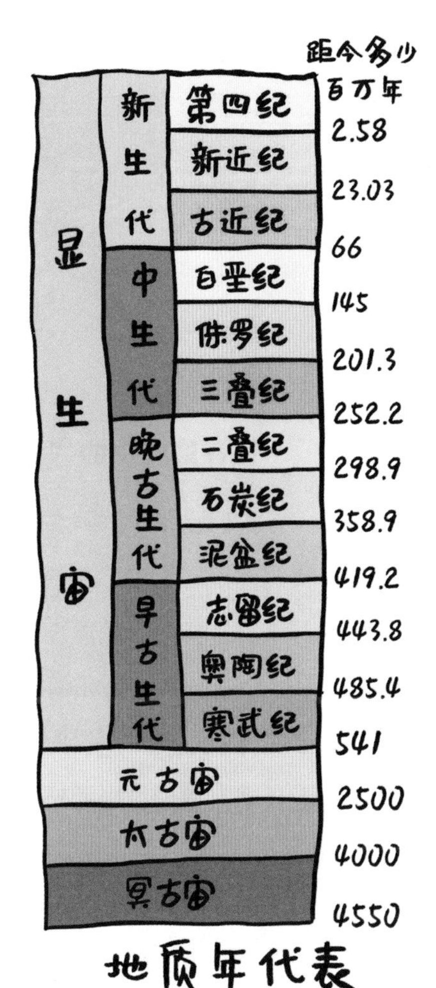

地质年代表

作为地球的日记，地质年代表可谓博大精深，凝结了无数地质学家的智慧。地质年代表可以划分为“宙”“代”“纪”“世”四部分，你知道“世”代表多少万年的时间吗？还有没有比“世”更小的年代单位呢？

化石是怎么形成的

住在地层中的“来客”

我们已经了解到，地层从下到上是由老到新的。但是这些知识只能帮助我们确定地层的“相对年龄”，而无法帮助我们得知地层自己的年龄——绝对年龄是多少。就像你知道哥哥的年龄比弟弟大，却不知道哥哥和弟弟到底多少岁。那么，该如何确定各地层的年龄呢？地质学家们发现，不同的地层，会有不同的“神秘来客”存在于其中。我们可以通过了解这些“神秘来客”的年龄来确定地层的年龄。这些“来客”到底是什么呢？让我们来一探究竟吧。

地层里有“神秘来客”

我们之前了解到，地层是由三大类岩石组成的。地质学家发现，由沉积岩组成的地层中经常会有“神秘来客”的存在。这些“神秘来客”，不仅能让我们确定地层的年龄，也能让我们了解地球过去存在的生命。是的，聪明的你可能已经猜到了，它们就是“化石”。

相信大家对化石或多或少都有些了解，当一些死去的生物被泥沙埋藏在地下，地下的微生物会把有机物逐渐分解掉，保存下来的外壳、骨骼、植物根茎等相对坚硬的部分在日积月累中会逐渐变成岩石，但依旧保留了生物原本的形态。这些岩石便是“化石”。地层中化石的形成时代，就代表着这个地层的形成时代。毫无疑问，化石是地球留给我们的礼物，可以让我们了解到地球上过去存在的生物长什么样。

化石“历险记”

生物死去都会形成化石吗？实际上，并不是所有死去的生物都能形成化石。化石的形成向来不是一帆风顺的，需要严格的自身条件以及环境条件。可以这么说，我们如今见到的化石，都是经历了巨大的磨难后才形成的。所以，能够见到这些远古时代的化石，对我们来说是一件多么幸运的事！

打铁还得自身硬！

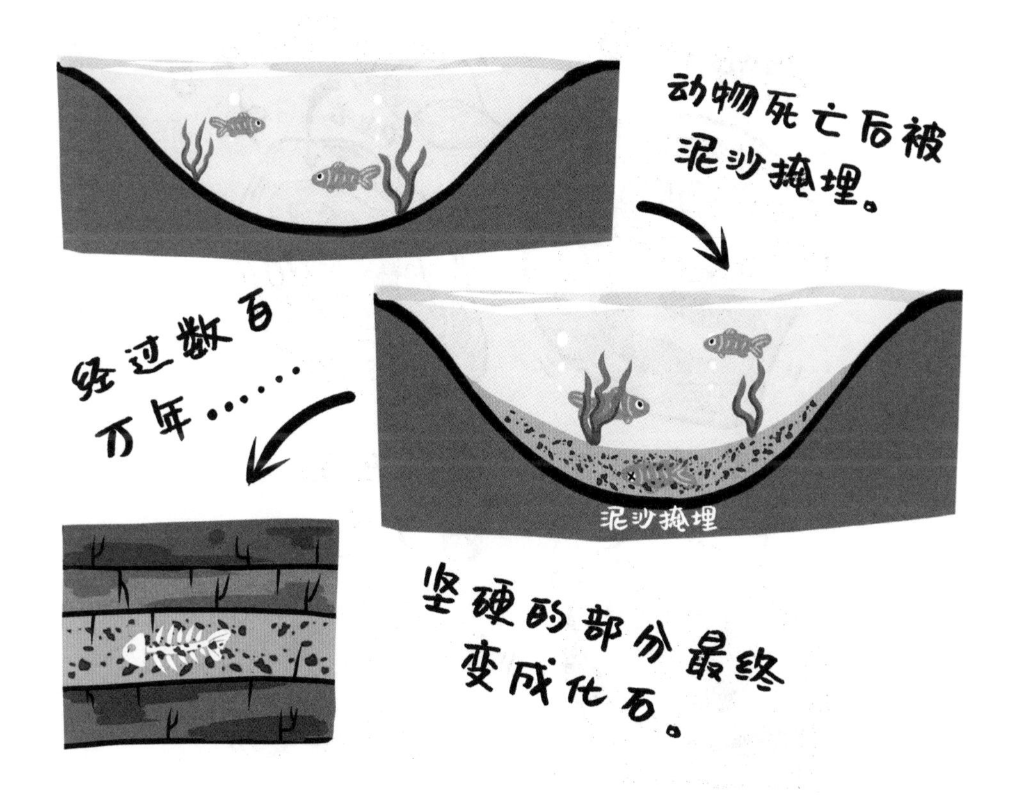

一个生物体变成化石，需要什么条件呢？首先，一般情况下，这个生物体要留下不容易被破坏的“硬体”，比如牙齿、贝壳、骨头等。不过动物的脚印、粪便等痕迹如果保存得好，也可以形成特殊的化石。其次，需要稳定的环境条件。生物死后需要被迅速埋藏，并且埋藏的地方要安全，因为地震、火山喷发、洪水等自然灾害都可能将生物体破坏。可见，一个生物体保存并形成化石是多么不易。

来给化石分分类

曾经在地球上生存过的大量动物、植物死后形成的化石，组成了精彩纷呈的化石王国。因此，面对纷繁复杂的化石，分类是很有必要的。地质学家根据化石的保存特点将化石分为四类。第一类化石叫作“**实体化石**”，指的是生物遗体埋藏形成的化石，比如恐龙的骨架化石。第二类化石叫作“**模铸化石**”，这种化石不是由生物遗体直接形成的，而是它们的遗体“印”在石头

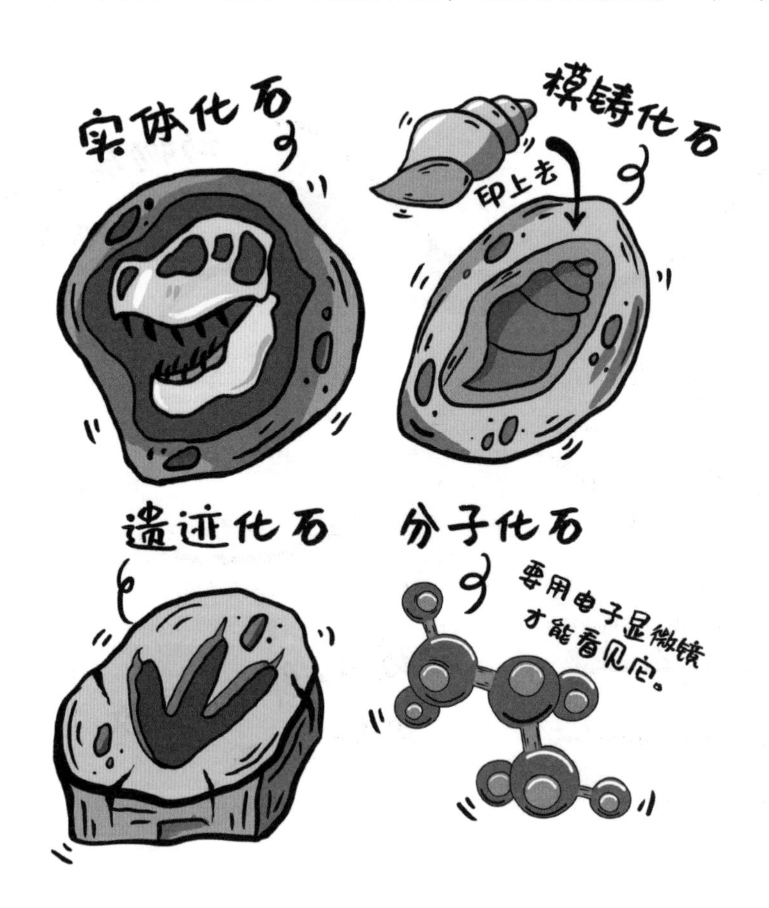

上形成的。大家郊游的时候不妨仔细观察路边灰灰的石头，幸运的话，或许会发现石头上长出了像贝壳一样的花纹，这可能就是由远古时期的贝壳“印”在石头上形成的模铸化石。第三类化石叫作**“遗迹化石”**，指的是古生物的遗迹形成的化石，例如恐龙踩下的脚印、留下的蛋，还有动物排出的粪便。第四类化石叫作**“分子化石”**。它们的特点是非常小，只有借助电子显微镜等专业设备，我们才能察觉它们的存在，比如古氨基酸、类脂化合物等，它们记录着有关远古生物的宝贵信息。

你有没有在博物馆或展览馆见过许多奇形怪状的化石？请大家以后去博物馆时用刚才学到的知识，试着解释看到的化石的成因，并给它们分一下类吧！

听化石讲故事

令人眼花缭乱的化石

经过前面的探索，想必同学们对化石有了一定的了解。可能有的同学会感到疑惑，面对数不胜数的化石，我们该怎样去研究呢？下面，让我们跟随地质学家的脚步，去探究古生物学的发展历程吧。

化石与古生物学

古生物学是一门非常古老的学科，而对化石的研究是古生物学中最为重要的一环。古生物学的研究最早可以追溯到古希腊时期，那时的学者已经意

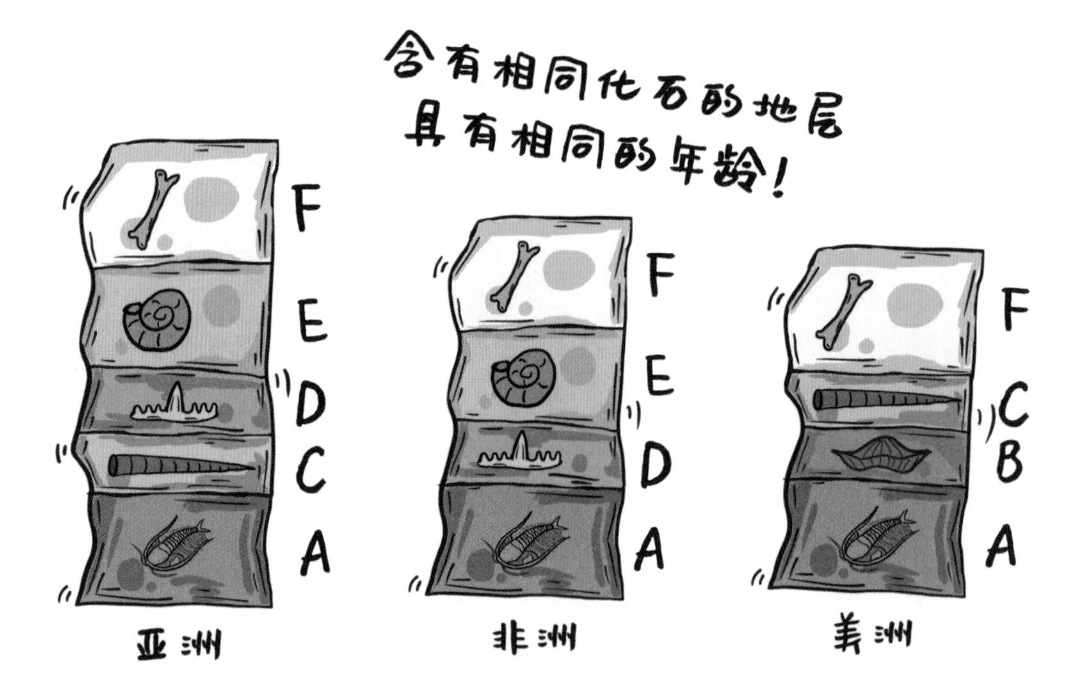

识到化石是远古时期的生物的遗迹。中国古代奇书《山海经》中，就有关于“龙骨”的记载。欧洲文艺复兴时期，达·芬奇提出，可以根据化石推断海陆的变迁。自18世纪中后期起，古生物学逐渐成为一个独立的学科。后来，英国地质学家威廉·史密斯将古生物学和地质学结合起来，他提出，不同时代的地层含有不同的化石，含有相同化石的地层，其生成时代也相同。这就是著名的**化石层序律**。从此，古生物学开始飞速发展，形成了现在庞大而精密的知识体系。

古生物是怎样命名的?

古生物学家通过对化石的研究，为我们揭开了远古时代生物的奥秘。他们给这些古生物起了科学的通用名字——学名。要想给出学名，首先必须对古生物进行分类。古生物的分类与现代生物的分类基本一致。生物的分类单位从大到小依次为:“界”“门”“纲”“目”“科”“属”“种”。

我们以老虎为例。在这个分类体系下，老虎归属于：动物界、脊椎动物门、哺乳纲、食肉目、猫科、豹属、虎种。

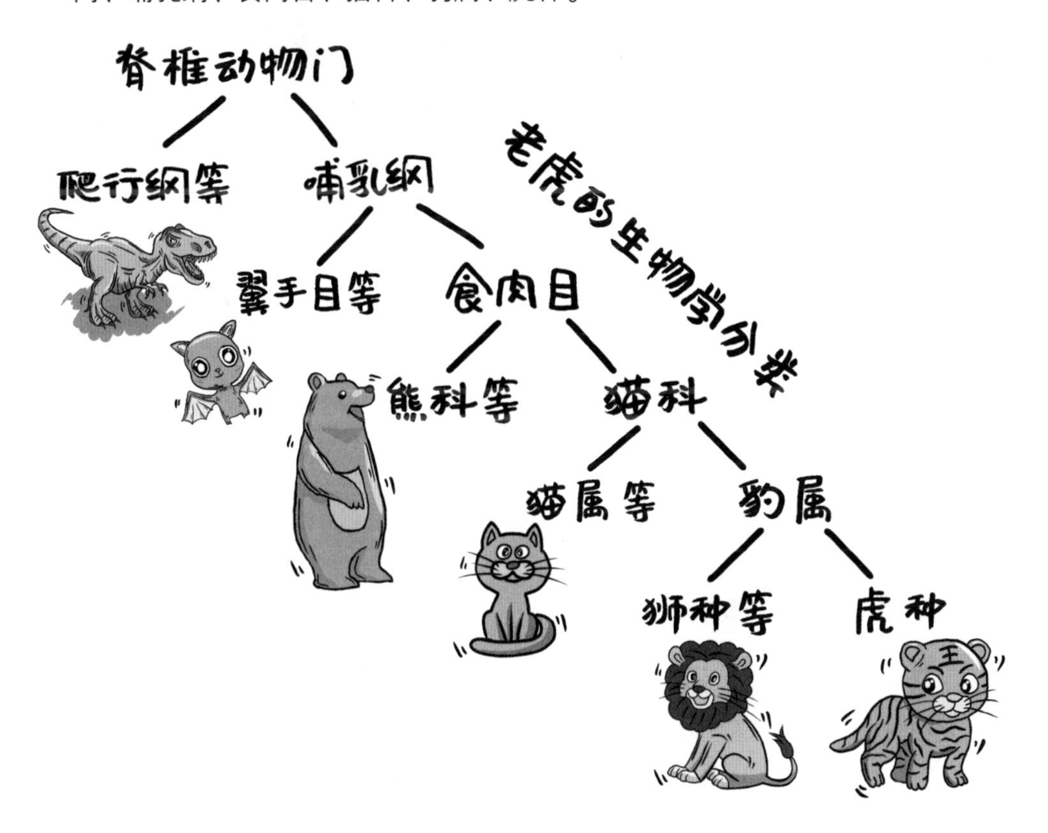

运用这种分类方法，这些令人眼花缭乱的古生物就变得井然有序。另外，古生物的命名还有一个很重要的原则——优先律。什么是优先律呢？举个简单的例子。小明发现了一块古生物化石，并对这个古生物进行命名。过了一段时间，小亮也发现了相同的化石，他也给出了自己的命名。这时，科学家们就判定，小亮的命名是无效的，这个古生物要以小明起的名字来命名。道理很简单，是小明最先发现这种古生物并进行命名的。只有保证古生物命名的纯粹，才有利于古生物研究的持续发展。

李四光先生曾倾心于“蜓（tíng）科”化石的研究。蜓这类古生物，外形很像织布用的纺锤。我国民间习惯把纺锤称为“筳”，于是，李四光先生在“筳”左边加了个“虫”，创造了一个新的汉字——“蜓”，并将这类古生物命名为“蜓”，意为“像纺锤一样的虫子”。李四光先生最先用“蜓”命名这类古生物，因此根据优先律，后人在研究时也要用这个名字。

小化石有大作用！

我们已经了解到，以化石为主要研究对象的古生物学有着悠久的历史，是无数先辈辛劳汗水和智慧的结晶。古生物学家把这些神秘的化石视如珍宝。

那么，这些化石到底起到了什么样的作用呢？

进化的“风向标”

生命是怎样起源的？它们又是怎样演化的？从古到今，这个问题困扰着无数的科学家和哲学家。最终，科学家们意识到，化石可以为我们解开谜题。在加拿大，科学家在至少37.7亿岁“高龄”的石头中发现了细菌的化石，这是目前已知最古老的关于生命存在的证据。在中国云南澄江帽天山约5.3亿年前形成的寒武纪地层中，人们发现了种类繁多、数量惊人的生物化石。自寒武纪后，生命进化的效率就像踩了油门一样飞速提高。远古生物们，从海洋走向陆地，从陆地飞向天空。它们的传奇经历，并没有随时间消失，而是浓缩在一件件化石中，等着未来的我们慢慢探寻。因此，化石是进化的“风向标”，向我们揭示了生物的进化过程，而解读化石，就是对生命进化史的重建！

环境的“指示牌”

大家去动物园的时候有没有见过北极熊呢？是不是被它们庞大的体形所震撼？北极熊生活在极地高寒地区，它们的体形要比生活在低纬度地区的熊类大一些。这是因为，北极熊需要更庞大的身躯来储存更多的脂肪，这些脂肪可以为它们提供热量。在 19 世纪，英国学者伯格曼发现，同种或同类恒温动物，生活在寒冷地区的体形较大，而生活在暖热地区的体形较小。这就是著名的**伯格曼定律**。因此，我们可以根据古生物化石的大小等形态特征推断出它们所处的环境条件。不同的环境中生活着不同种类的生物。草原和海洋中生存的生物种类截然不同。所以，古生物学家把化石作为环境的“指示牌”，用来推测当时的环境。

石油和煤从哪儿来？

大家都知道，公路上的车辆大都是用汽油作为能量来源的，而汽油是从石油中分离出来的。火力发电厂通过燃烧煤炭来发电，我们冬季的取暖也主要是通过燃烧煤炭解决的。石油和煤炭已经成为我们日常生活中的必需品。石油和煤从哪里来？实际上，它们是由亿万年前被泥沙掩埋的动植物遗体经过复杂变化形成的。动植物死亡后落到地面或水底，被泥沙掩埋，在很高的温度和压力下，经过一系列复杂的物理及化学变化，最终形成石油和煤。

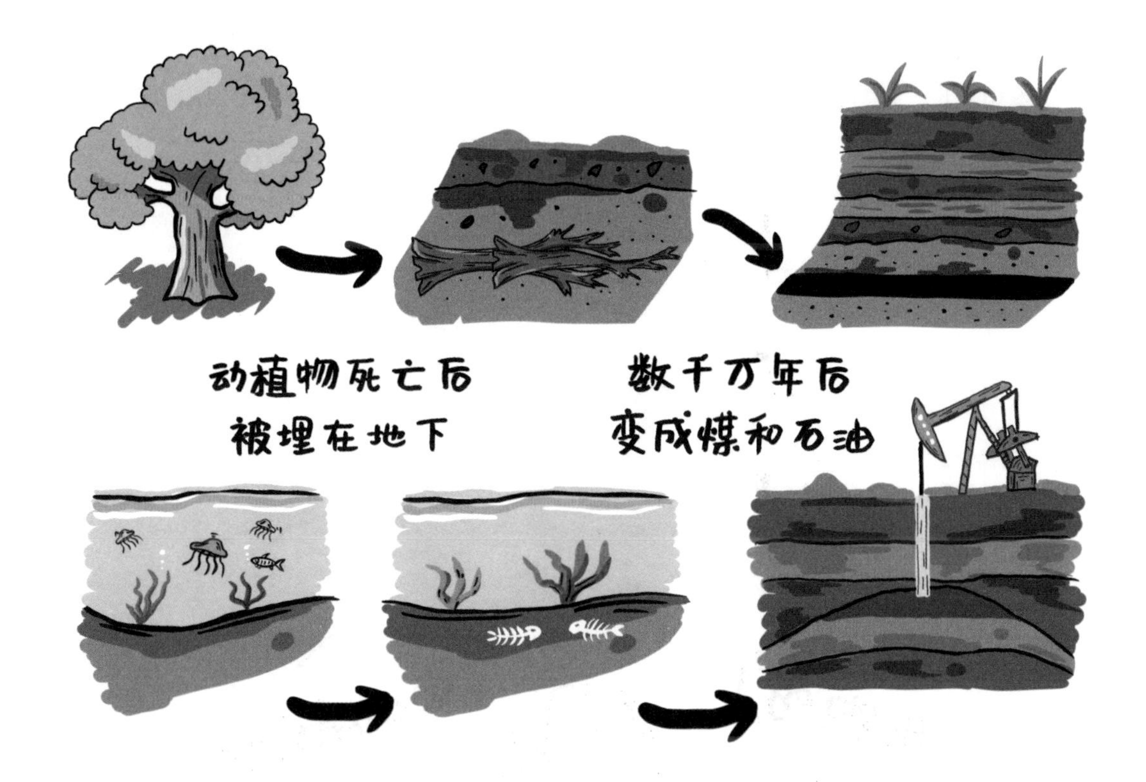

神秘的大灭绝事件

当地球环境突然发生剧烈变化，比如出现大规模地震、火山喷发、洪水等重大自然灾害，有可能导致地球不适合人类和其他生物生存，如同“世界末日”降临一般。这时的地球会出现生物集体死亡的现象，这种现象被古生物学家称为“大灭绝事件”。

化石及其他证据表明，在地质历史时期，至少发生过五次大灭绝事件。这些灭绝事件的破坏程度远远超出我们的想象。第一次大灭绝事件发生在4亿多年前的奥陶纪末期，由于气候变冷，约85%的生物灭亡，被称为**“奥陶纪大灭绝”**。第二次大灭绝事件发生在3亿多年前的泥盆纪晚期，由于气候急剧变冷，海水结冰、海平面急剧降低，海洋生物遭受重创，被称为**“泥盆纪大灭绝”**。第三次大灭绝事件发生在约2.5亿年前的二叠纪末期，这也是有史以来最严重的大灭绝事件。大陆之间的碰撞导致了火山喷发、地震等一系列灾难事件，约90%的生物灭亡，被称为**“二叠纪大灭绝”**。第四次大灭绝事件发生在约2亿年前的三叠纪晚期，由于海洋的大范围扩张，约76%的生物灭亡，被称为**“三叠纪大灭绝”**。第五次大灭绝事件发生在约6500万年前的白垩纪末期，由于天外小行星撞击地球和火山喷发等原因，包括当时地球的霸主——恐龙在内的大量生物灭绝。这次事件被称为**“白垩纪大灭绝”**，也被称为**“恐龙大灭绝”**。

地球的“书签”——金钉子

如果地球演化史是一部鸿篇巨制，那么“金钉子”就是一个个书签，为我们精确地标记了一幕幕地球演化中历史性的时刻。“金钉子”原本不是地质学的名词，而是来源于铁路修筑史。19世纪，美国首条横穿美洲大陆的铁路钉下了最后一颗钉子，这颗钉子是用金子制成的。美国人用这枚金钉子来庆祝全长两千八百多千米的铁路胜利竣工。

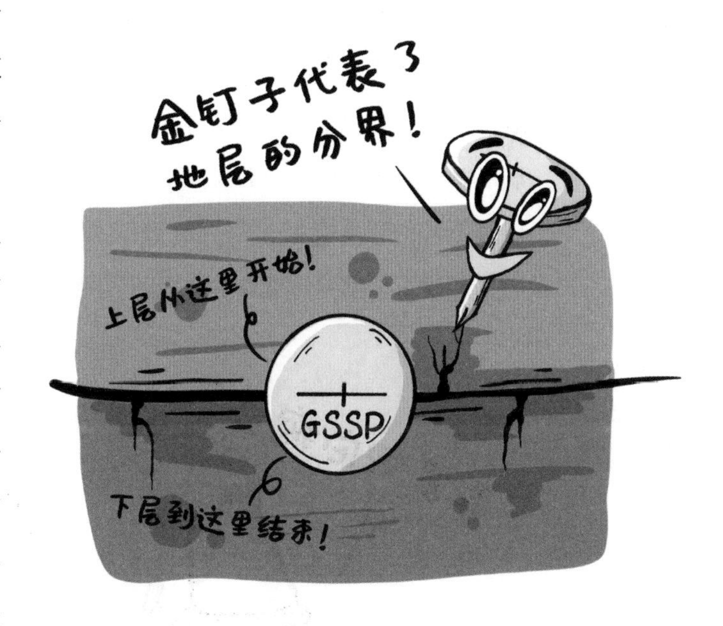

地质学家在研究地球历史时，也需要标记一段段地层的结束位置。当他们确定了一段地层年代结束的位置，就会在那儿钉上一个铜制的标志，表示上一个地质时代的地层到这里结束，下一个地质时代的地层从这里开始。这个标志的学名叫作“全球年代地层单位界线层型剖面和点位”（GSSP）。这个名字太长了，地质学家从修建铁路的故事中得到启发，干脆用“金钉子”来称呼它。

尽管地质学中的“金钉子”并不是用黄金打造的，但它们比黄金还要宝贵，因为这一枚枚黄铜打造的“金钉子”组成了地质学家研究地球演化历史的时间标尺。有了这个时间标尺，我们才能确定地质事件发生的时间，从而揭开地球演化和生命演化的奥秘。中国科学家在这方面做出了巨大的贡献。目前，中国拥有11颗宝贵的“金钉子”，是拥有“金钉子”数量最多的国家。

一起去探索化石的世界

通过前面的学习，我们了解了化石的种类以及重要作用。大家是不是迫不及待地想去野外寻找化石了呢？别着急，磨刀不误砍柴工，让我们先学习一下化石采集和处理的基本流程。

一起动手挖化石

在大家的印象中，地质学家们是不是东敲敲西看看，就采集到化石了呢？其实不是这样的，化石的采集需要非常小心。化石一般都存在于地层之中，因此，要想采集化石，首先要用铁锤和刷子等工具，顺着地层将岩石劈开。为了避免在采集过程中损坏化石，科学家们要先拍照，掌握化石的大致形态。在采集过程中，要尽量保证化石不被破坏。因为采集到的化石外围一般都带有一些岩石，所以后期的修复与整理至关重要。地质学家会用小刀和刷子将化石表面清洁干净。如果是具有科学意义的化石，还需要进一步加工。根据不同的化石类型，采用加热或者磨片处理。所以，我们去博物馆看到的一件件化石，都是地质学家们辛苦工作的成果。

我们国家地大物博，是重要的化石发掘地之一。你知道在我国发现的五个古生物化石群分别在哪里吗？通过对这些化石群的发掘，科学家们又发现了哪些重要的古生物呢？

第二部分

生命的诞生——在显生宙之前

生命起源的学说

关于生命起源的认识

不知道大家有没有思考过，地球上最早的生命是什么样子的？生命究竟来自何方？人类又是如何探索生命起源的呢？如果你也曾思考过这些问题，那让我们跟随李四光先生的脚步，一起探讨生命的起源吧。

神创论——女娲造人？上帝创世？

《圣经》中说："起初，神创造天地"。

中国古代神话中说：盘古开辟了天地，用身躯造出日月星辰、山川草木。残留在天地间的浊气慢慢化作虫鱼鸟兽，替这死寂的世界增添了生气。这时，女娲造人。

这些只是古代人对生命起源的大胆猜想，显然是不科学的。生命究竟从何而来呢？关于这个问题的科学答案，人类花费了几个世纪的时间才有了一点头绪。

自然发生说——“肉腐出虫，鱼枯生蠹”

随着人类文明的发展，神创论逐渐被新出现的“自然发生说”取代。人们通过观察发现了一些现象：不洁的衣物会滋生蚤虱，污秽的死水会生出蚊子，肮脏的垃圾会爬出虫蚁。中国古代也有“肉腐出虫，鱼枯生蠹（dù）”的说法，意思就是肉腐烂了会生蛆，鱼干枯了会生虫（“蠹”的意思就是蛀蚀树木、器物的虫子）。人们认为，生物可以自然而然地由非生物产生。这一想法就是“自然发生说”。

在现代科学出现之前很长一段时间里，这一学说都被奉为“真理”。直到19世纪，法国出现了一位著名的微生物学家，名叫巴斯德，他设计了一个简单却令人信服的实验，彻底颠覆了自然发生说。

巴斯德把煮沸、冷却的肉汤灌进两个玻璃烧瓶里。第一个玻璃瓶是普通的玻璃烧瓶，瓶口竖直朝上；第二个玻璃瓶是鹅颈烧瓶，这种瓶子的瓶颈弯曲成天鹅颈的样子，虽然也与空气相通，但弯曲的瓶颈阻挡了空气中的尘埃和微生物落入肉汤里。过了几天，巴斯德发现，第一个玻璃瓶里的肉汤已经发臭，而第二个玻璃瓶里的肉汤始终没有变化。然后，他将第二个玻璃瓶的

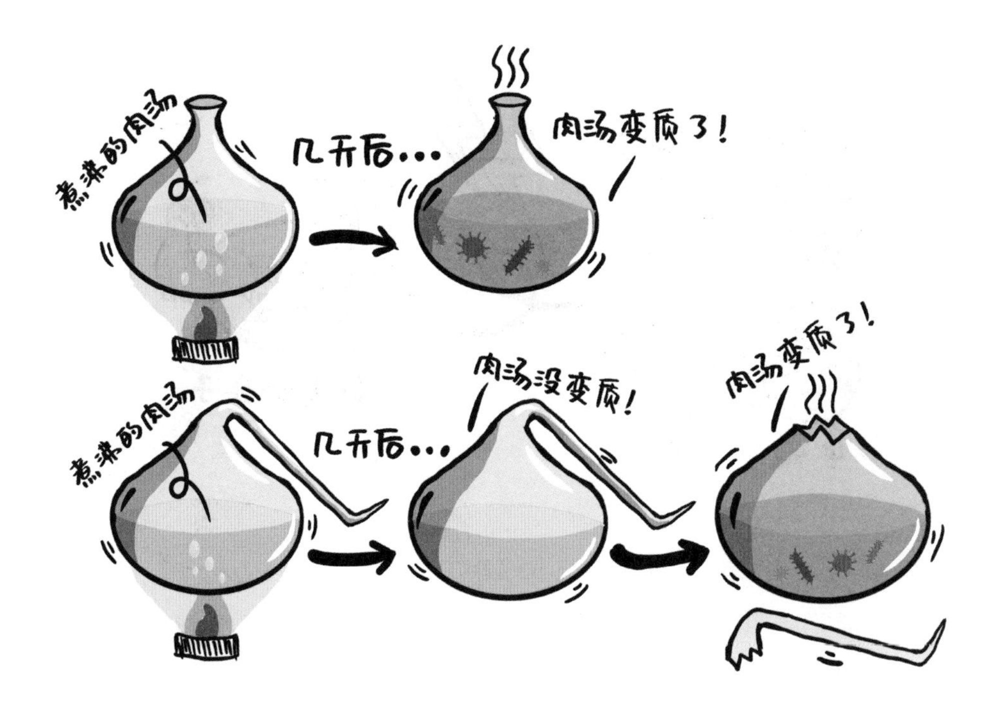

曲颈砸碎，让空气顺利进入肉汤中，肉汤在几天后也变得浑浊了。肉汤会发臭，是因为出现了很多微生物。巴斯德的实验证明，微生物并不是肉汤自己产生的，而是来自空气，这就否认了“肉腐出虫，鱼枯生蠹”的自然发生说。

化学起源说

在鹅颈瓶实验之后，关于生命起源的研究很长一段时间几乎毫无进展。20 世纪上半叶，科学家们猜测，地球早期大气中除了氢气、氦气之外，还含有大量的甲烷和氨气。甲烷分子含有碳原子，氨气分子含有氮原子，而现在构成生命的最基本的物质都是含碳、氢、氧、氮的有机物，因此他们猜测这样的早期大气正是最初孕育生命的地方。

终于，到了 1953 年，有位名叫米勒的科学家，他和同事做了一个大名鼎鼎的实验，这个实验后来被称作“米勒实验”。他们从天文学家那里了解到地球早期的大气成分，并在密闭的容器中模拟出了这种环境，同时还用电火花来模拟早期地球“电闪雷鸣”的环境。一周之后，米勒和同事发现，在电火花的作用下，密闭的容器中出现了氨基酸分子，而氨基酸分子正是形成生

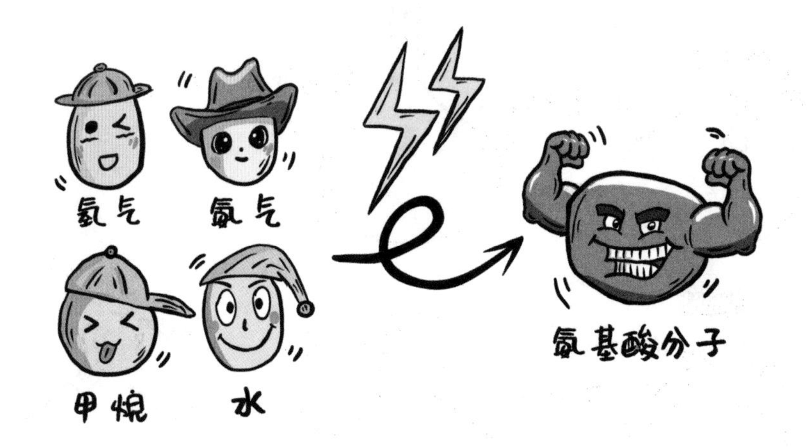

命的基本物质——蛋白质的重要组成部分。

米勒实验说明，地球生命所需要的一些简单的物质，最早是被地球的闪电“劈”出来的。而这些物质，经过长期的积累和转化，形成了原始的蛋白质和核酸，这两者是构成生物体最重要的物质。之后又经过“极其漫长”的演化，原始的生命才得以诞生。

地球上最早的生命是什么时候出现的?

地球上出现有生命的物质，是地球发展史上破天荒的大事。最原始的生物是在寒武纪以前的时代开始出现的。那些原始生命形态的遗迹（化石）被保存在寒武纪以前的古老地质时代所形成的地层里面。

最早的化石?

那么，生命究竟是在多久以前出现的呢？我们知道，地球上的岩石年龄越大，经历的地壳运动越多，甚至最终变得支离破碎。即使当初含有远古生命的痕迹，也可能已经被摧毁，我们极难从中找到可以用于鉴定的化石。因

本书引文均以绿字标出，引文均引自李四光的《天文·地质·古生物》一书。

此，要探寻生命最早的痕迹并不是一件容易的事情。前面提到，科学家在37.7亿岁“高龄”的石头中发现了细菌的化石。后来又发现，这种化石与今天在深海热液喷口——“黑烟囱”周围发现的化石相似。也就是说，地球上的生命很可能起源于不见天日的深海。

知识卡片

“黑烟囱”

“黑烟囱”是指深海热液活动的区域，因热液喷出时形似“黑烟”而得名。在这一区域几乎没有氧也没有阳光，压力很大，还充满了有毒的气体，却有很多生物生存，颠覆了人们对“万物生长靠太阳”的认知。

生命起源于海底“黑烟囱”

为什么科学家会说早期生命可能起源于“黑烟囱”呢？因为“黑烟囱”附近的环境与生命起源时期地球的环境类似。地球形成早期，地壳表面大部分被海水覆盖，有大量火山喷发，与“黑烟囱”附近的环境十分类似。科学家们发现，在海底“黑烟囱”周围，温度很高，压力很大，环境极端恶劣，但仍然生活着特殊的深海生物，特别是一些原始的古细菌。这些特殊的古细菌很可能就是地球生命的祖先。

因此，生命很可能首先出现在海底“黑烟囱”处，之后才慢慢地从深海发展到浅海，再到陆地。

探索火星——生命起源的记忆

在探索生命起源的过程中，科学家们发现，越古老的痕迹在地球上保留得越少。经过几十亿年的风风雨雨，很多痕迹已经消失殆尽，从这些“地球残卷”里重建生命诞生的细节是非常困难的。于是，科学家们把目光投向了地球的邻居——火星。

为什么是火星而不是其他星球呢？原因很简单：火星其实可以看作一个“未曾演化过的地球”。由于火星体积比地球小得多，它早早地失去了磁场，也失去了地幔的对流，从诞生到“死亡”不过几亿年。那里犹如一个静止的世界，定格了几十亿年前的景象，在离我们“咫尺之遥”的地方，静静等待着我们去发掘它的秘密。

生命是如何进化的？

在原始生命诞生以后，生命的演化突然就快了起来。最初还只是一些原始的单细胞生物，继而形成多细胞生物，之后出现了植物和无脊椎动物，接着有了鱼类等海洋脊椎动物，再后来，陆地上也出现了植物和动物，并逐渐演化成了现在这样丰富多彩的生命世界。然而，在这样漫长的过程中，生命都经历了什么呢？或许达尔文的进化论可以给我们一些启示。

达尔文和进化论

1831 年，刚刚从剑桥大学毕业的达尔文搭乘英国皇家海军的“小猎犬号”，开始了环球考察航行。也许当时没有人会想到，这将是一段彻底改变生命科学的旅程。这位勤奋且善于思考的博物学家，船每次到了一个新地方，他就下来收集各种动植物，制作标本，挖掘化石，把自己的所见详细记录下来。

经过将近五年的航行，最终在 1836 年 10 月，“小猎犬号”返回英国。年轻的达尔文带回了一份相当丰富的“宝藏”：368 页动物学笔记、1383 页地质学笔记、770 页日记、1529 个保存在酒精瓶里的物种标本、3907 个风干的物种标本……在这段航行之后，达尔文通过对各个地区生物和化石的对比观察，认为物种是可变的，生物是进化而来的，生物进化的动力是自然选择。

1859 年，达尔文的《物种起源》一书问世，马上引起了热烈的讨论。他的观点可以总结为八个字——“物竞天择，适者生存”，意思就是说：自然界的生物处在激烈的竞争中，只有更适应环境的物种才能够生存下来。在此后的二十多年里，达尔文继续搜集资料，充实他的理论。直到老年，达尔文也未停下对生命进化规律的思考。

科学家发现，宇宙中可能存在着上千亿颗类似地球的行星。是否每个和地球环境类似的行星都能产生生命？最早的生命长什么样子？地球上这样辉煌璀璨的生命经过了亿万年的洗礼，经历了哪些伟大的事件和变化？这一切对于我们来说都仍然是未解之谜。

团结起来，欣欣向荣

生命是由什么构成的？

生物体都是由细胞构成的，细胞是生命的基本单位。大多数细胞都非常微小，我们只有在显微镜下才能看见它的样子。早期地球生命都是由一个细胞构成的单细胞生物，直到后来，才慢慢演化出了多细胞生物。

草履虫——在显微镜下观察单细胞生物

单细胞生物是最简单的生命，其中一个代表就是草履虫。草履虫身体很小，只由一个细胞构成，看上去像一只草鞋，因此叫作“草履虫”。它们喜欢生活在有机物较多的稻田、水沟或池塘中。由于它们太小了，需要用显微镜才能观察仔细。

草履虫身体表面包着一层膜，膜上长着密密的纤毛。草履虫就是靠纤毛的划动在水里“游泳”的。它的身体一侧有一条凹入的“小沟”，叫作“口沟”，相当于草履虫的“嘴巴”。当口沟内又密又长的纤毛摆动时，水里的细

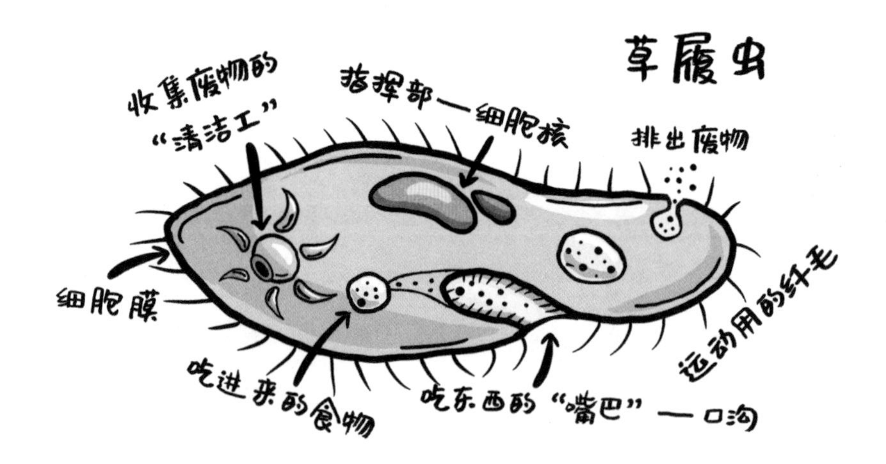

菌和有机碎屑就被“吃进”口沟，再进入草履虫体内，作为食物供其慢慢消化吸收。草履虫靠身体的外膜吸收水里的氧气，排出二氧化碳。尽管草履虫全身仅由一个细胞构成，但是它可以完成呼吸、取食、消化、运动、繁殖等生命活动，让人不得不感慨生命的神奇和伟大。

是植物？还是动物？

最古老的原始植物化石为一种细菌，是在美国密歇根州休伦系（大致相当于我国的滹［hū］沱［tuó］系）的铁矿层中发现的，呈杆状，在高倍显微镜下才能看见……据说是铁细菌的一种，能将水溶液中的铁质分泌出来，使其沉积成铁矿层。

我们已经知道，最早的生命都是单细胞生物。那么，它属于植物，还是动物呢？其实，最早的单细胞生物既不是植物，也不是动物，而是一种细菌。

在这些早期的生命中，我们最熟悉的可能就是蓝细菌了。蓝细菌也被称为“蓝藻”，它们能够像植物一样进行光合作用。大约35亿年前，蓝藻就已经出现在地球上。最初的蓝藻结构极为简单，并且缺乏坚硬的骨骼，很难完整地保存在地层中。因此，我们很少能找到早期蓝藻的化石。

那蓝藻就没有留下什么“遗产”吗？其实是有的，蓝藻的活动造就了地球上最神奇的现象之一——叠层石。叠层石一般形成于浅海区域，广泛分布在寒武纪以前的地层之中。其他很多岩石和矿物，例如寒武纪以前的古老地层中大量的石墨和丰富的铁矿，也被认为是由当时海洋中的蓝藻参与形成的。

叠层石——蓝藻的杰作

最初，发现叠层石的地质学家并不知道它们是怎么形成的，只是发现这些石头有着奇怪的“明暗相间”的分层现象。他们觉得，只有生物作用，才能形成这样复杂而且有规律的结构。很多年来，叠层石的起源一直是一个谜。后来，科学家通过研究澳大利亚鲨鱼湾哈梅林池中的层叠石，终于揭开叠层石形成的秘密。

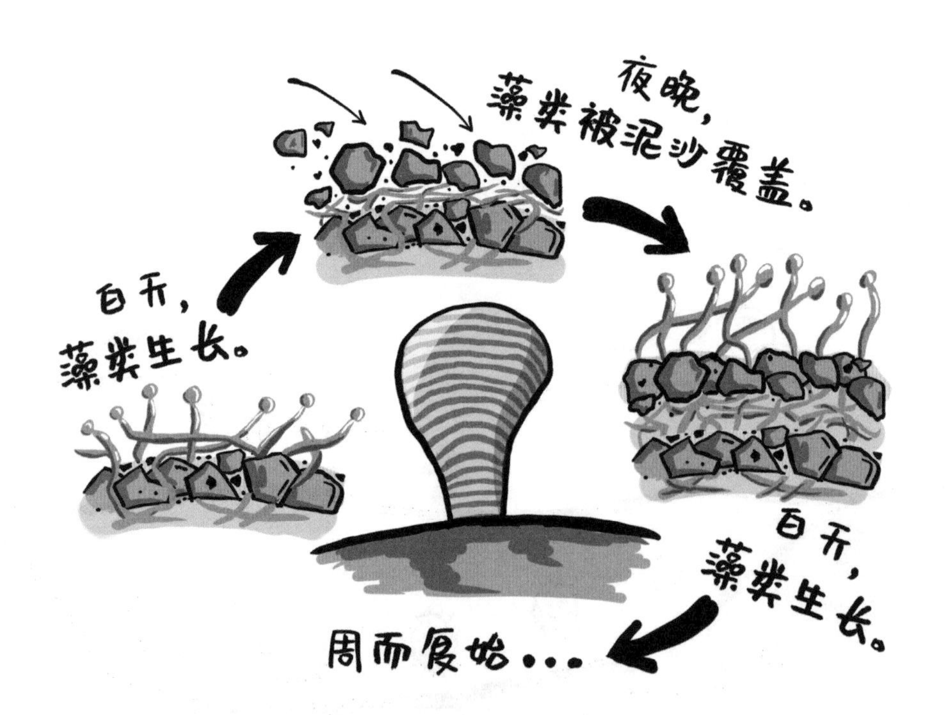

最初，浅海里只是生长了一层很薄的蓝藻。蓝藻会分泌很多像“胶水”一样的黏性物质，把自身固定在浅海的岩石上，这也是它们主要的生活场所。白天，蓝藻奋力向上生长，形成一个“亮层”。到了晚上，蓝藻便聚在一起。由于它们分泌了大量“胶水”，当海浪携带的泥沙覆盖在蓝藻上时，这些黏液就会粘住泥沙，形成“暗层”。到了第二天白天，蓝藻又继续朝着阳光向上生长……日复一日，就形成了明暗相间的叠层石。这个过程持续了上亿年，并形成了丰富的叠层石化石。蓝藻一层一层生长，与岩石为伴，在地球亿万年的演化中留下了永恒的记录。

多细胞生物的细胞是随机堆砌的吗?

单细胞生物的生命活动是最原始、最简单的，它们只需要养活自己就可以。虽然有些时候，单细胞生物也会聚集起来，但它们与同伴之间只是“互帮互助”，并没有真正结合到一起。

相比之下，多细胞生物体内的细胞几乎完全放弃了各自的独立性，顽强地结合在一起，每个细胞都承担着特殊的功能。它们为了整体而舍弃了自己的一些能力，选择与其他细胞合作，构建成一个高效的生命体。多细胞生物的出现是一个伟大的事情。越复杂的生物，越依赖细胞之间的分工合作。

跨过门槛，永不回头

多细胞生物的出现是生命演化过程中的一件大事。在多细胞生物体内，细胞分化出了不同的、专门的功能，每一个细胞只需要专心做好一件事，而不需要像草履虫那样，什么功能都必须依赖一个细胞独立实现。细胞之间的分工合作，使得生命代谢的效率大大提高。就像人类现代社会的分工一样，如果我们想要做一件衣服，并不需要一个人从种棉花开始完成全部工作。从播种到采收棉花，从纺线到织布，从设计到制作，每一个环节都有专门的人做，这样才能把衣服做得又快又好。

早期生命跨过了多细胞的门槛之后，就再也没有回过头。在演化过程中，生命体不同细胞的分工越来越细致，器官的种类不断增加，并发展出更复杂的结构，以帮助生命体更好地应对纷繁复杂的自然环境，迎接一个又一个挑战。

随着地球历史推移，生命形态逐渐变得复杂、丰富。单细胞生物究竟是如何进化为多细胞生命形态的呢？这一问题科学家直到今天也没办法彻底解答，需要我们进一步思考和探索。

生命大爆发的前夕

序幕——氧气与“大氧化事件”

地球大气一开始并不是现在这个样子的，它伴随着地球一起成长，经过了亿万年的不断演化才变成今天的样子。在这个过程中，以蓝藻为首的原始生命功不可没。如果没有它们的存在，大气中就不会积累足够的氧气，也不会有适宜生命生存的环境，更不会有后来的生命大爆发。

地球的原始大气

大约在46亿年前，地球由太阳星云中分离出来的星际物质演化而来。其中，固体尘埃聚集结合，形成地球的内核，围绕在外部的大量气体组成原始大气。这时的原始大气成分比较单一，主要是氢气和氦气。氢气和氦气密度非常小，我们小时候常常玩的氢气球，气球里充的往往就是这两种气体。这一阶段就是“原始大气阶段”。

现今的大气从何而来?

太阳表面始终在向外发射速度非常高的带电粒子，这些粒子像风一样向四周，以非常高的速度扩散流动，这种现象也被称作“太阳风”。地球上的原始大气在形成后不久就被高速的太阳风吹走了。但同时，火山喷发、地壳

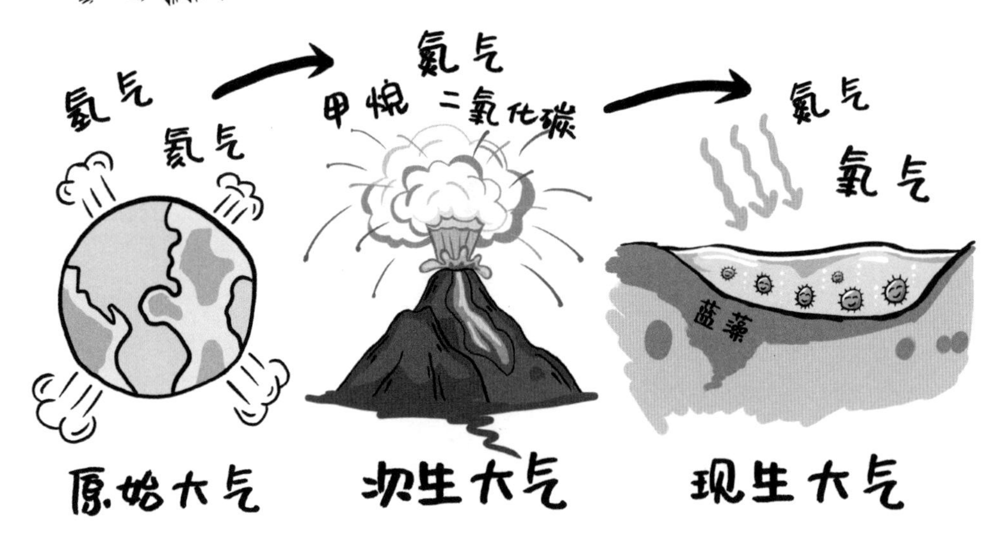

运动等生成了大量的二氧化碳、甲烷、氮气、硫化氢和氨气等气体。这些气体不断增多，逐渐占据了整个天空，经过亿万年的积累，成为代替原始大气的次生大气。这是地球大气演化的第二个阶段，最早的蓝藻和叠层石就出现在次生大气中。

地球原始的生命就在次生大气中繁衍生息，它们也“无意中”改造了地球的大气。蓝藻在形成叠层石的同时，还通过光合作用，吸入二氧化碳，利用阳光产生能量。在这个过程中，它还释放出一种“废物”——氧气。的确，我们如今赖以生存的氧气是原始生命的“废物”。在这以后，地球大气逐渐演变为主要由氧气和氮气组成，与现今的大气非常类似。这个阶段被称作“现生大气阶段”。

光合作用与氧气

如果说地球大气的演化是一场魔术，那么背后的魔术师就是“光合作用”。生物所能利用的能量和所依赖的氧气几乎都来自光合作用，因此，光合作用堪称万物之本，被誉为“地球上最重要的化学反应”。而如此重要的光合作用直到18世纪才被科学家发现。

1771年，英国牧师、化学家普里斯特利进行了著名的“密闭钟罩实验”。他发现，在有植物存在的密闭钟罩内，蜡烛不会熄灭，老鼠也不会窒息死亡。于是他提出，植物可以“净化”空气。现在我们知道所谓的“净化”，其实是植物吸收了二氧化碳，释放出氧气供蜡烛燃烧和老鼠呼吸。在其后的几十年里，科学家们通过不懈的努力，慢慢揭开了光合作用的神秘面纱。

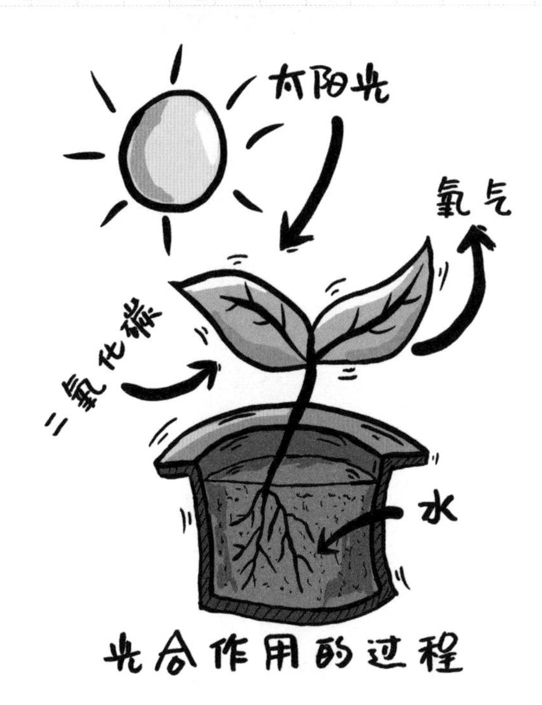

在地球早期，蓝藻通过光合作用，利用二氧化碳、阳光和水产生能量，同时释放氧气，慢慢改变了地球大气的成分。经过漫长的数十亿年，空气中的氧气越来越多，二氧化碳越来越少，蔚蓝色的天空第一次出现，更复杂的生命即将萌生。尽管植物出现并逐渐繁荣起来，但蓝藻仍然是光合作用的“主力军”，为大气源源不断地输送着氧气。

序幕——“大氧化事件”

在蓝藻的“不断努力”下，在距今大约24.5亿年，地球上的氧气突然开始大量聚集，这就是地球历史上著名的“大氧化事件”。

尽管对于现存的大多数生物来说，氧气是我们赖以生存的基础，但是在氧气产生前，地球上主要生活着厌氧生物，即不需要氧气生长的生物。对于它们来说，氧气无疑是“毒气”。“大氧化事件”给当时的厌氧生物带来了一场巨大的“浩劫”。地球大气中的氧气爆发式累积，大部分厌氧生物逐渐灭绝。幸存下来的生物为了适应新的环境，开始用氧气呼吸。释放到大气中的氧气，还为臭氧层的形成提供了条件。臭氧层可以阻挡大部分具有杀伤作用的紫外线，于是地球上的生物才得以繁衍生息。

经过这一事件，生命从厌氧到“需氧”，这一突破极大地增加了生物可利用的能量来源，为生物的多样性发展创造了可能，使生命能够演化出新的、更复杂的形态。

暂停——“无聊的10亿年”

经过“大氧化事件”之后，地球上的氧气浓度达到了一个小小的峰值，更加高级的真核生物也在18亿年前诞生了。但是，多细胞生物迟迟没有出现，这个演化历程停滞了上十亿年，直到8亿年前，多细胞生物才开始爆发，古生物学家把这段时间称作“无聊的10亿年”。对于地质学家和古生物学家来说，“无聊的10亿年”可以说是“名副其实”，地球环境仿佛进入了一个相对平静期，生物没有什么革命性的变化，也没有什么特别的化石发现。这段时期地球究竟发生了什么，目前还不得而知。难道生物演化停滞了？

一开始，古生物学家们认为，当时的氧气浓度还不够高，因此没办法刺激生物的出现。后来发现，即使是现代的海绵，也能在缺少氧气的环境中生存，这说明，“无聊的10亿年”中的低氧环境不一定是阻碍多细胞生物出现的原因。那是什么原因呢？目前古生物学家对于这个问题也还没有答案。

知识卡片

真核生物

地球早期生命的细胞内没有成形的细胞核，遗传物质散布在细胞内一个叫作“核区”的部位，缺少足够的保护，一旦环境剧烈变化，很容易被破坏。而真核生物的细胞演化出了完整的细胞核，细胞核的膜包裹并保护着遗传物质，因此这类生物更能适应环境的变化。真核生物的出现是生命演化史上的一件大事。

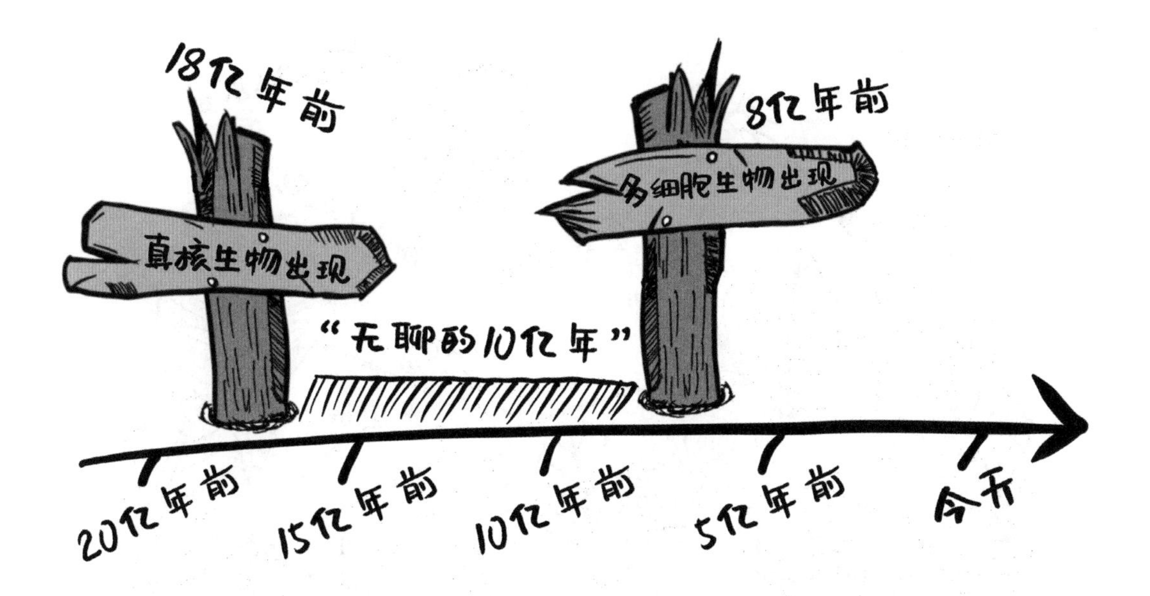

预演——埃迪卡拉动物

在多细胞生物的演化中，我们看到，生命本身爆发出惊人的创造力，展现出千姿百态，并且不断地在错综复杂的环境中尝试着自我修改。在这个试错的过程中，埃迪卡拉动物就是一次预演。

埃迪卡拉动物——一次失败的探索

埃迪卡拉动物之所以叫这个奇怪的名字，是因为它们是科学家最早是在澳大利亚南部的埃迪卡拉地区发现的。6.3 亿年前，覆盖地球的冰雪开始融化，埃迪卡拉动物开启了多细胞动物大繁荣的征途。到了 5.6 亿年前，繁荣兴旺的埃迪卡拉动物群占据了海洋：帽森拟水母漂荡在海洋中，靠触手捕食微小的浮游生物；三分盘虫和狄更迅水母趴在海底，等着食物自己送上门来；而查恩盘虫、斯瓦塔须靶和雾河管则借助海流伸展身体，过滤海水中的食物。

你可能会好奇，这些动物奇怪的名字是怎么来的呢？实际上，科学家们在给这些神奇动物起名字的时候，有的根据它们的形态命名，比如三分盘虫，它的身体分为三个部分，好像三条小手臂，因此得名；有的干脆用发现者的名字（如查恩、狄更迅）为它们命名。

那时的动物还“年轻”，身体结构很简单，没有分化出复杂的器官。它们没有骨骼支撑，也没有发育出完整的肌肉系统和神经系统，通过身体表面的皮肤滤食水中的藻类、吸收水中的氧气。在氧气和食物都极其有限的海水里，它们选择了极尽所能地伸展着自己的身体，通过不断扩大自己的身体表面积来获得充足的氧气和养分。

尽管它们曾经统治地球，但这次探索最终失败了。它们迅速出现，又迅速消失，没有留下后代，仿佛从来没有出现过，只有柔软的身体在岩石上留下的隐约可见的印记。

埃迪卡拉动物灭亡的原因

埃迪卡拉动物像是生活在一个平静的花园里，但这些可怜的“巨人”活动能力极弱。狄更迅水母虽然有的能长到 1 米长，却没有活动能力，就像一个大肉饼，面对攻击没有任何防御手段。

在 6 亿年前的原始海洋中，生态竞争还不是十分激烈，肉食动物也尚未出现，埃迪卡拉动物因而得以在自己的海洋地盘上悠然自得地生活，不用绞尽脑汁去琢磨防卫方法。它们只需要朝着最简单的一种方式演化，那就是尽量扩展自己的体表面积，让呼吸和摄食都通过更大的表面皮肤来进行，这样就不用大费周折地发展出复杂的内部器官。

这种“偷懒”最终成为生存策略的反面教材。过于简单地应付大自然的考验，让它们付出了惨重的代价。当更高级的猎食者出现，拥有了更高效的“杀戮工具”，埃迪卡拉动物就失去了自己的乐园，消失在历史的洪流中。

除了“不思进取”以外，埃迪卡拉动物迅速灭亡的原因可能还有很多，比如气候的突然变化、突如其来的灾害等。还有科学家猜测，其实埃迪卡拉动物并没有突然消失，只不过是海洋环境的变化使得化石难以保存下来，让我们误以为它们消失了。那么，你认为埃迪卡拉动物究竟经历了什么呢？

第三部分

古生代——从占领海洋到征服陆地

寒武纪生命大爆发

地球发展到了寒武纪时期（距今约5亿—6亿年），就出现了大量的、门类众多的和较高级的动物。寒武纪以前的生命的星火，到这时已成燎原之势。这是地球上动物界的第一次大发展，具有划时代的意义。

在经历了“大氧化事件”的序幕、“无聊的10亿年”的暂停、埃迪卡拉动物的预演之后，动物终于在寒武纪迎来了一次大爆发。海洋中仿佛突然间充满了新生命，其演化速度之快、新物种之多、结构之复杂，都只能用“爆发”来形容。从寒武纪开始，地球进入了显生宙，各种生命在地球上大显身手。

“化石宝库”

寒武纪生命大爆发是地球历史上最不可思议的奇迹之一。在寒武纪的早期，生命似乎越过了某个临界值，形态各异、结构复杂的多细胞动物突然大量涌现，海洋中充满了各种光怪陆离的身影。在寒武纪的海洋，生物突然之间繁盛了起来。

寒武纪生命大爆发记录在三个重要的“化石宝库”中——中国云南澄江生物群、贵州凯里生物群，加拿大布尔吉斯生物群。在这些生物群中，包括多孔动物门、叶足动物门、腕足动物门、软体动物门、节肢动物门、棘皮动物门、半索动物门、尾索动物门、脊椎动物门等几乎所有现今生物的祖先全部出现，并且展示出了高度的复杂性和多样性。

壮大的动物界——代表性物种介绍

寒武纪生命大爆发对于地球生命来说，无异于一场伟大的革命。寒武纪生物大爆发使得动物界壮大起来，其中出现了一些神奇的物种。

怪诞虫

在最初发现的化石中，怪诞虫这种生物似乎是用 7 对触手支持自己的身体，而背上则伸出一排尖刺。这样的生物连科幻小说都没有描写过，以至于

古生物学家将其命名为“怪诞虫”—— 最早发现它的古生物学家说，它们是“只有做梦才能梦到”的生物。

欧巴宾海蝎

欧巴宾海蝎虽然被命名为“海蝎”，但是科学家们认为，它们有可能是虾的远亲。欧巴宾海蝎的神奇之处在于，它们长有5只带柄的眼，因此它们的视野范围很可能达到360°，可以全方位地观察周围的环境；在它们头部下方还长着长长的“嘴巴”，末端是能够抓握的一排刺，可以用来捉拿猎物。因此，科学家们推测欧巴宾海蝎很可能是一种肉食性动物。

微网虫

微网虫有10对足，还有9对多边形的“骨片”，像鳞片一样覆盖在身体上。有的科学家认为，这些骨片起到连接腿和关节的作用，用来提升运动能力；也有科学家认为，这些骨片是一种繁殖后代用的储卵器；还有科学家认为，这些骨片曾经附着了可以感受光线的“眼睛”，所以微网虫也有“九眼精灵”的美称。动物的眼睛一般集中在头部，像微网虫那样“眼睛”分散在身体上的生物在现今地球上还没有找到第二种，所以，科学家的猜想我们也无法验证。

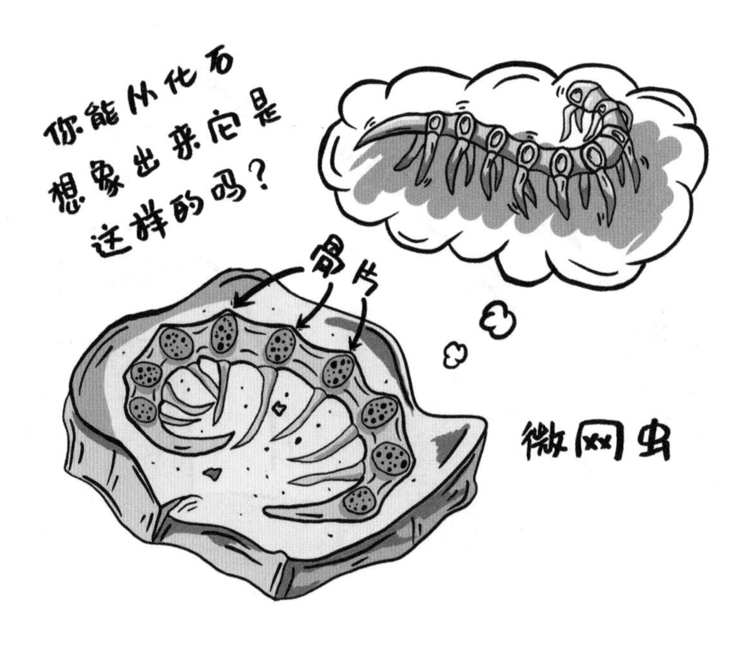

"从天而降"的生物

在寒武纪生命大爆发中，这些形态各异的"怪物"仿佛是从天上凭空掉下来的。更重要的是，三叶虫、奇虾、头足类等占领了古生代海洋的动物也几乎全部出现了。可以说，寒武纪生命大爆发奠定了古生代海洋生物圈的基本结构，之后出现的变化都不过是增加、删除或者小小的修正。在寒武纪生命大爆发的基础上，地球生命只用了不到 6 亿年的时间，就演化出今天如此欣欣向荣的生物圈。这场新生是如何发生的？为何要酝酿长达 30 亿年？这一切的一切都是未解的谜题。

渐变 VS 突变?

达尔文认为，自然界中的生物都是缓慢进化而来的，但是，发生在寒武纪的这场生命大爆发对这个观点提出了挑战。之前几十亿年的沉寂时光，动物并没有通过进化一步一个脚印走过来，而是在寒武纪初期突然全部出现。

难道是达尔文的观点错了？为了解释这种现象，生物学家提出了一种新观点——"间断平衡"。间断平衡说的是，生物进化并不总是缓慢的、连续变

化积累的过程。大部分物种在大部分时间里发生的改变很少，甚至没有任何变化。而重大的改变往往是罕见而快速的变异事件所导致的。这就可以解释为什么会出现“生命大爆发”，因为进化很可能不是匀速的，而是到达某个节点就猛跑几步，之后停在某个位置几乎不动。

达尔文的观点体现了“渐变”，而“间断平衡”的观点体现了“突变”，地球生命很可能就是在渐变与突变的交替中不断前行。

关于寒武纪生命大爆发的起因，科学家们提出了很多猜想，比如大气含氧量上升、气候变化、地质运动，等等。也有科学家认为可能是各种因素综合起来，共同引发了这次生命大爆发。这确实是一个很难的问题。生物的演化与地球地质、气候、环境等方面的演变都互相关联，需要不同学科的研究者共同探讨，才能破解寒武纪生命大爆发之谜。

生机勃勃的海洋

经历了寒武纪生命大爆发之后，地球终于进入一个新纪元，繁荣的生命彻底改变了地球的面貌。在那个时候，地球上的生物还都生活在海洋里。在海洋这个舞台上，一幕幕生命演化的奇迹接连上演，演化速度之快、生物种类之多让人惊叹，它们一同奏响了恢宏壮阔的生命交响乐。现在，让我们一起穿越时空，潜入生机勃勃的海洋，看看那些远古生灵有着怎样神奇的故事。

无脊椎动物占领海洋

在寒武纪生命大爆发后，无脊椎动物和脊椎动物都出现在了地球上。但在当时的海洋里，没有脊椎骨的无脊椎动物在种类和数量上都更胜一筹。它们从低级向高级演化，不断优化自己的身体结构，与风云变幻的自然环境做斗争，并迅速占领了海洋。在四五亿年前，寒武纪到志留纪那一段时间里，尽管海洋霸主的宝座几经更迭，但始终属于这些相对低等的无脊椎动物。所以，就让我们从无脊椎动物开始，讲述地球生命在古生代的传奇故事吧！

昙花一现的“杯子”动物

在寒武纪的海底有这样一种动物，它们的外形就像一个杯子，所以就被称作“古杯动物”。古杯动物的“杯子”其实是它们的钙质骨骼。虽然古杯动物是动物，但是它们是不会移动的！它们的杯底固定在海底，杯口朝向海面。那么有小朋友就要问了，不能动的话，它们还怎么吃东西呢？其实，在古杯动物的杯壁上有很多小孔，海水能够从这些小孔中流过，古杯动物就靠过滤海水中的藻类等营养物质，过着一种“饭来张口”的生活。

古杯动物在 5 亿多年前的寒武纪早期出现，并在寒武纪中期达到鼎盛，有超过 1000 个不同的物种。但是，古杯动物在寒武纪晚期彻底灭绝，只在地球上生存了大约 4000 万年。相较于其他动物动辄几亿年的历史，古杯动物真可谓昙花一现。科学家们猜测，可能是因为它们竞争不过同时期的海绵动物，或者是因为它们无法适应突然改变的气候和环境。到今天为止，古杯动物灭绝的真正原因还笼罩在迷雾当中。

海绵是动物吗?

说到海绵，大家脑海里最先浮现的可能就是生活中用到的柔软、多孔，并且非常能吸水的清洁海绵。可是这东西怎么看都不像动物呀？实际上，我们今天生活中用的清洁海绵是仿照海绵的特性人工合成的，而最早人们使用的海绵确确实实是一种动物。海绵动物是一种非常原始的动物，在古生物学中又叫作“多孔动物”。是不是很形象!

海绵动物和古杯动物一样，也是不能移动的，但这丝毫不影响海绵动物吃东西。海绵动物有着比古杯动物更先进的过滤系统，那些密密麻麻的小孔可有着大作用！小的是入水孔，大的是出水孔。海绵动物通过挥舞用于驱动水流的鞭毛，让海水源源不断地从入水孔流入，其中携带的藻类等营养物质被过滤出来吃掉，海水再从出水孔流出。这种让海水单向流动的“水沟”是海绵动物的特殊武器，它们的摄食、呼吸、排泄等活动都是通过这些“水沟”完成的。

迄今为止，人类发现的最古老的海绵化石是贵州始杯海绵化石，距今有6亿年。在漫长的演化过程中，海绵动物不断完善自己的水沟系统。有的海绵动物还演化出了钙质或硅质的“骨针”，这些骨针就像我们身体里的骨头一样，用来支撑它们柔软、多孔的身体。这些改进让海绵动物至今仍活跃在海洋中。

从守株待兔到主动出击

古杯动物和海绵动物都固着在海底，这使它们的活动受到了非常大的限制。尽管海绵动物演化出了比较先进的水沟系统，使得摄食、呼吸、排泄的效率比古杯动物有了很大的提高，但终归过的还是一种“饭来张口”的生活。更重要的是，如果遇到环境的突然变化，想跑都没有办法。所以，对于大部分动物来说，与其守株待兔，还不如主动出击，把自己的命运掌握在自己的手里。

“柔软”的神奇猎手

大家应该不会对水母感到陌生，这种轻盈、优雅的动物仿佛是海洋中的精灵。水母是一个不折不扣的出色猎手。水母成功的秘籍在于它的触手上有一种秘密武器——刺细胞。这些刺细胞就像蜘蛛侠的蛛丝发射器，当刺细胞受到物理刺激时，会在极短的时间内释放丝状的毒刺射向猎物，将毒液注入猎物体内，使猎物麻痹、动弹不得，供水母们饱餐一顿。水母的刺细胞是一

次性武器，不过，不断更新的刺细胞能让水母一直保持战斗力，而且不同类型的刺丝大大增强了水母的战斗力。

除了刺细胞，水母还演化出了相对先进的消化腔，可以更好地吸收食物中的养分。同时，水母还具有原始的神经系统。有了这些装备，在各方霸主“你方唱罢我登场”的海洋里，水母无需复杂的大脑，就牢牢占据了属于自己的位置，在这个变化多端的地球上存活超过6亿年！

神奇的身体分节

面对日益复杂的生存环境，有的动物不甘像水母一样慢吞吞地运动，而是重新“规划”了自己的身体。于是，身体分节这一革命性的变化出现了！

最初的分节只是把身体分成许多重复的单元，每个单元的结构和功能基本相同，就像我们今天的蚯蚓一样。这种分节方式叫作“同律分节”。这样一来，不同体节的肌肉就可以分别收缩，身体就可以像虫子一样蠕动了。身体分节使得动物无论是挖土钻沙，还是游动爬行，速度和效率都提高了。

> **知识卡片**
>
> **附　肢**
>
> 附肢指的是节肢动物身体主躯干以外，其他自身能够支配的躯干。比如螃蟹的1对大钳子和8条腿、昆虫腹部的6条腿都属于附肢。附肢的出现提高了节肢动物的运动能力，是进化史上的一大进步。

在此基础上，后来的一些动物，身上不同的体节演化出更加复杂的分工，每一节负责特定的功能。比如前端的体节成为感觉中枢，负责发号施令；中段的体节保留发达的肌肉和附肢，主管运动；后部的体节内放着内脏器官，处理呼吸、消化、排泄等。这种分节方式叫作“异律分节”。在远古时代，正是节肢动物首先演化出了异律分节，并一跃成为那个时代的征服者。

身披铠甲的征服者

如果要评选有史以来最成功的一些动物门类，那身体分节的节肢动物一定榜上有名。迄今发现的最古老的节肢动物是我国云南澄江生物群的抚仙湖虫。它们的化石保存得非常完好，有的甚至可以清楚看到内部器官的印痕。化石证据表明，抚仙湖虫已经形成了功能专一的头部、胸部、腹部，等等。

节肢动物能够成为地球上最繁荣的动物，靠的不仅是分工明确的身体，还有一件更重要的装备——外骨骼。节肢动物能够在身体表面形成一层坚硬的外壳，就像一身铠甲，把脆弱的软体包裹在里面。这身铠甲不仅起到保护作用，还让节肢动物拥有了空前的运动能力。就这样，精细的身体分节配合坚硬的外骨骼，让节肢动物无往不胜，先后诞生了三叶虫、板足鲎（hòu）等海洋霸主。我们现在熟悉的昆虫也属于节肢动物。

我的“贝壳”与众不同

如果问长着贝壳的动物有什么，大家首先想到的一定是扇贝、河蚌等长着两片贝壳的双壳动物。但是，在古生代的海洋里，还有一种长着贝壳的生物，它们曾经创造的辉煌比双壳动物还要耀眼，它们就是腕足动物。

腕足动物的身体上覆盖着两瓣可以开合的贝壳，看上去很像同样长着两片贝壳的扇贝、河蚌。但是，腕足动物的贝壳与众不同，它们的两片贝壳大小和形状并不相同。更神奇的是，腕足动物还有一条“腿”。这条“腿”里面没有骨头，完全是由发达的肌肉组织组成，所以科学家们把它称作“肉茎”。腕足动物的肉茎从壳上专门的孔中伸出来，起到运动和固定自身的作用。正是由于这条“腿”，腕足动物拥有较强的运动能力，从赤道到两极，从浅海到深海，都有它们的身影。

腕足动物曾经有超过 30000 个物种，而在 3 亿多年前的第二次大灭绝，也就是泥盆纪晚期的大灭绝中，腕足动物遭受重创，直到古生代的最后一个

纪——二叠纪才依稀重现了往日的辉煌。然而，约 2.5 亿年前的第三次大灭绝，二叠纪末期的大灭绝彻底摧毁了腕足动物，它们再也没能从这次灾难中恢复过来。如今只留下“活化石”舌形贝等约 300 个物种。

软体动物的“移动城堡”

大家对软体动物应该不会感到陌生。漂亮的海螺、慢吞吞的蜗牛、餐桌上美味的贝类，都是软体动物的一分子。软体动物的身体很柔软，而且大多拥有一个“移动城堡”——外壳。尽管这些“城堡”的形态五花八门，但都起到了保护内部软体的作用，让它们能够经受一些来自天敌和环境的威胁。

软体动物种类繁多，其中最与世无争的可能就是长有两片贝壳的双壳动物了。它们的运动能力和神经系统弱化，常把自己埋在泥沙里，靠过滤海水中的食物生活。但有一些软体动物不甘平庸，充满了冒险精神，比如腹足动物，我们生活中看到的蜗牛就属于这一类。腹足动物的肚子上有发达的肌肉，它们就靠着肚子上的肌肉爬行和游动。科学家们把这种特殊的运动器官称作“腹足”，这也是腹足动物名字的由来。它们在运动、摄食等方面都没有明显的短板，并且 5 亿年来不断尝试新的演化方向。它们和身体分节的节肢动物一起踏上陆地，成为动物登陆的元老之一。

特立独行的棘皮动物

动物演化的主流趋势是演化为两侧对称，绝大多数比较高等的动物都是两侧对称的。但是，棘皮动物是个特例。我们今天看到的海星、海胆、海参都属于棘皮动物，它们在演化地位上比软体动物还要高级，却完全没有两侧对称的特点。

海星长着5个“手腕”，上面有很多触手。这些触手可以让海星甚至能够在礁石表面攀爬。刺球一样的海胆从奥陶纪以来就长这个样子。它们的嘴非常特殊，5颗牙齿像五角星一样排列，骨头也恰好排列成五边形的笼子。亚里士多德在他所著《动物志》中，把海胆比作“没有蒙皮的提灯”，于是后人就把海胆特殊的嘴称为“亚里士多德提灯”。棘皮动物中的海百合、海林檎等，它们的身体内也有排列成五边形的5片骨板。细心的小朋友可能已经发现了，棘皮动物好像和“5”这个数字有不解之缘。确实，棘皮动物的身体是由5个相似的部分，围绕同一个中心排列构成的，这种身体形态也被称为“五辐射对称”。甚至是看起来像两侧对称的海参，身体内部仍然是五辐射对称的。

尽管棘皮动物没有沿着生命演化的主线——双侧对称前进，但在漫长的生命演化史上，棘皮动物曾有20000多种，现如今，地球上只生活着海星、海胆、海参、海蛇尾和海百合5个纲，共几千种棘皮动物，诉说着它们祖先在生命演化中的勇敢尝试。

远古的神奇动物

现在我们已经知道了，在古生代最初的一段时间里，无脊椎动物牢牢占据着海洋。不同门类的动物不断完善自己的身体结构，在变幻莫测的海洋里斗智斗勇。在这期间，海洋里涌现出很多神奇的动物。它们有的靠种类和数

量的优势统治海洋，有的靠力量成为海洋霸主，还有的仅凭样貌就让人惊叹。下面就让我们一起看看它们的故事吧。

三叶虫——寒武纪海洋的主人

最出名的古生物除了恐龙，可能就是三叶虫了。它们是一种节肢动物，身体分成很多节，并且横向还可以分成三部分，中间的叫“轴叶”，两边的叫“肋叶”，这也是“三叶虫”这个名字的由来。

寒武纪动物群中最为突出的是三叶虫。它是世界各地常见的化石。我国为产三叶虫化石最多的国家之一，从新疆到苏、浙，从东北到西南，自寒武纪到二叠纪的地层，都有三叶虫化石发现。

三叶虫在5亿多年前的寒武纪早期出现，凭借流线型的体形，发达的肢和坚固的装甲，演化出了许许多多的种类，迅速成为地球生物中最庞大的家族。从温暖的浅海，到冰冷漆黑的深海，都能找到三叶虫的身影。三叶虫家族的故事可以用“荡气回肠”来形容。它们在地球上生存了将近3亿年，期间海洋中的顶级猎食者换了一个又一个，而三叶虫一直牢牢占据着海洋。尽

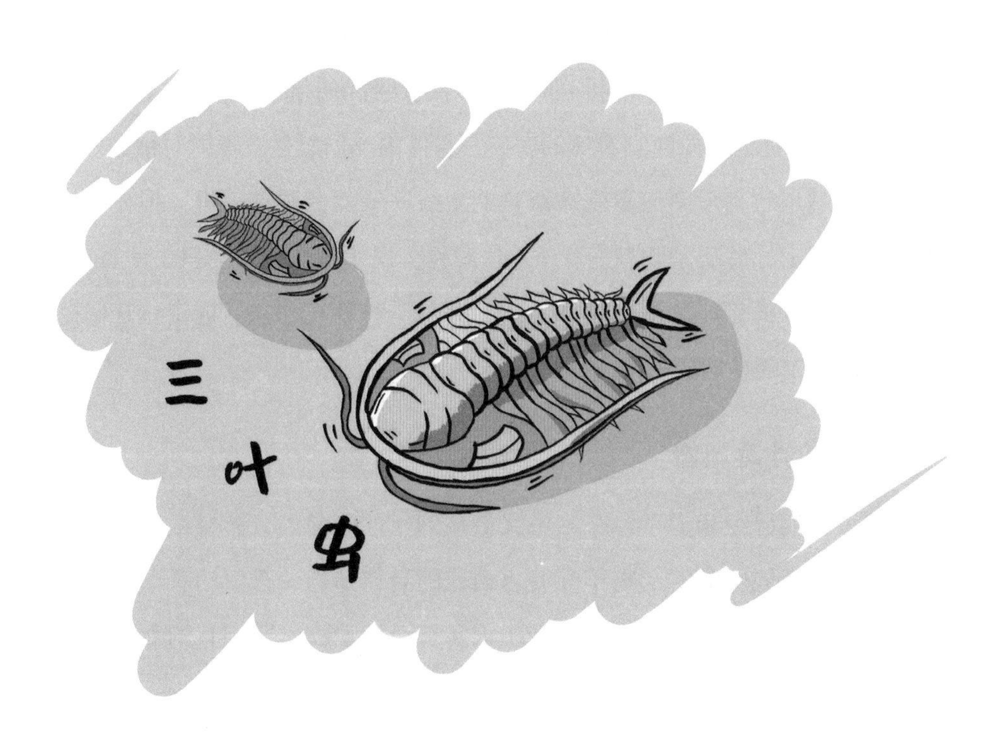

管它们不是海洋里的顶级猎食者，但是它们是整个海洋生态系统中种类最丰富、数量最多、分布最广泛的物种。因此可以说，在很长一段时间里，尤其是在寒武纪，三叶虫家族一直是海洋的主人。

奇虾——神秘的远古猎手

奇虾是地球上最早出现的大型掠食动物，属于“恐虾类”动物。“恐虾”的意思是“恐怖的虾”，不过大家还是习惯用“奇虾”来称呼这位神秘的远古猎手。从形态上看，奇虾最大的特点就是嘴巴附近有一对类似于蟹钳的附肢，上面有尖锐的棘刺，还可以弯曲活动，这正是这位猎手的武器。但它们成功的秘诀并不在此，而在于强大的运动能力和发达的神经系统。奇虾身体表面并没有外骨骼，所以更加轻便灵活，再搭配适合游泳的附肢，奇虾拥有了强大的运动能力，能

知识卡片

复　眼

复眼是相对于更加高级的单眼而言的，由不定数量的小眼组成，是节肢动物的主要感觉器官，比如苍蝇的复眼包含约4000个小眼，蜻蜓的复眼包含1万—3万个小眼。复眼中的每个小眼都能够感受光线，汇聚起来拼合成一幅图像。

够快速追捕猎物。除此之外，在奇虾生活的年代，大部分动物的眼睛只能用来区分白天和晚上，而奇虾已经拥有了复杂的复眼，能够发现和锁定猎物。

强大的运动能力搭配发达的视觉和神经系统，让奇虾成为横行海洋的高效猎手，连三叶虫也是它们的猎物。而且，它们在体形上远比其他动物大。比如加拿大奇虾，身长可以超过 1 米。在当时，没有动物可以挑战奇虾的地位，它们在寒武纪的海洋中建立了自己的王朝，直到另一位更强大的猎食者到来。

海百合——“海洋之花”

看到“海百合”这个名字，大家是不是以为它是海洋中的植物？实际上，海百合也是一种动物，属于棘皮动物。因其外形很像百合花，所以得名“海百合”。

始海百合在寒武纪已经出现。它们的身体也没有演化成两侧对称，转而演化出了类似高等植物的“根、茎、花”。“根”让它们能够把自己固定在海底，“茎”起到了支撑身体的作用，“花”的位置则聚集了它们的主要器官。它们通过过滤、摄取海水中的浮游生物生存。到了奥陶纪，体形更大、结构

也更加复杂的海百合取代了始海百合，它们聚集在富含浮游生物的浅海，形成了大片大片的“海底花田”，与三叶虫、珊瑚、一些软体动物和早期的鱼类生活在一起，组成了欣欣向荣的海底世界。在经历了几次大灭绝之后，海百合已经不复往日的繁荣，但通过它们的化石，我们依旧能够看到“海洋之花”无与伦比的魅力。

板足鲎（hòu）——张牙舞爪的海洋霸主

时间到了约 4 亿年前的奥陶纪中期，曾经不可一世的奇虾终于迎来了强大的对手——螯（áo）肢动物。螯肢动物是节肢动物的一种，看到名字大家可能就已经猜到了，它们最大的特点就是有一对强壮有力的大螯，能够抓住和撕扯猎物。它们挥舞着大钳子，张牙舞爪地赶走了奇虾，站到了海洋食物链的顶端。

螯肢动物的代表是板足鲎，它们有发达的复眼、坚硬的外骨骼和强壮有力的大钳子，外形很像我们今天的蝎子，所以也被称作“海蝎子”。它们这种身体结构让它们在与奇虾的竞争中取得了极大的优势，并一直沿用到 4 亿年后的今天。

板足鲎曾一度繁盛，体长甚至可达数米。后来，它们还迈入淡水，登上了陆地淡水食物链的顶端。不过，随着一些更强大的鱼类崛起，板足鲎的统治也走向终结。一部分板足鲎留在海里，日渐衰落。而另一部分选择改变自己的身体结构，登上陆地并开辟一片新的天地。这就是后来包含了蝎子、蜘蛛等动物的蛛形纲。

头足类——远古海洋“巨无霸”

在板足鲎繁盛的时间里，海洋中只有一种动物能够挑战板足鲎，它们就是软体动物中的头足类，因脑袋前面长着几条灵活的须腕而得名，代表了无脊椎动物演化的顶峰。

板足鲎的“武器”主要是坚固的外骨骼和强壮有力的螯肢，头足动物的“绝招”更加强大。它们演化出了独特的游泳方式：把水吸入体内，再从头部下方的漏斗喷出，推动身体前行。在那个时代，绝大部分动物还在挥动附肢划水前进，“用桨划船”，而头足动物已经装备了先进的“喷射推进系统”，运动能力空前强化。为了充分发挥强大的运动能力，头足动物还演化出了发达的神经系统和感觉器官。它们长有比复眼更高级的、能清晰成像的眼睛，

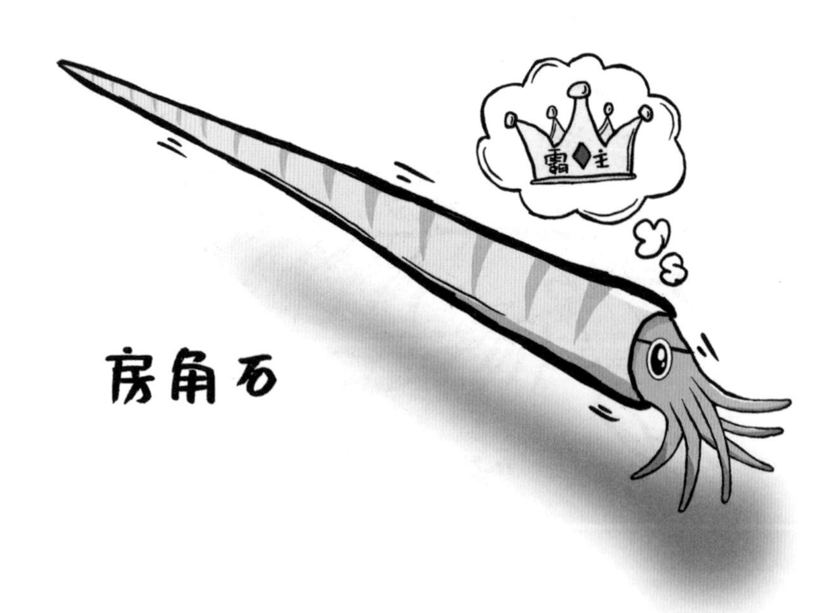

还通过加粗神经纤维来提高神经传导的效率，从而更好地锁定猎物，控制身体发动攻击。

巨大的房角石是头足动物的明星，也是地球上最早的超级巨兽，体长可达9米。它们的食物包括三叶虫、其他软体动物、早期的鱼类，甚至还包括强大的板足鲎。在有颌鱼类崛起之后，板足鲎最终销声匿迹，而头足动物则演化出了更高级的菊石类，在与有颌鱼类的竞争中丝毫不落下风，成为中生代海洋中最繁盛的动物之一。直到今天，以乌贼、章鱼为代表的头足动物依然畅游在海洋中。

从无脊椎动物的演化历史中我们可以看出，它们为了提高自身的生存能力使出了各种招数：有的动物披上了厚厚的铠甲，以抵御其他动物的攻击；有的动物演化出灵敏的感官和发达的神经系统，能够提前发现危险；还有的动物轻装上阵，努力提高运动能力，关键时候“走为上计”……你还知道动物有哪些生存策略呢？

鱼类——从诞生到辉煌

寒武纪生命大爆发之后，无脊椎动物迅速占领了海洋。三叶虫、奇虾、板足鲎、房角石……一个又一个物种轮流站上海洋食物链的顶端。又经过漫长的演化，以有颌鱼类为代表的、更高级的脊椎动物，终于在泥盆纪终结了无脊椎动物的黄金时代，迎来了“鱼类时代”，也就是属于脊椎动物的时代。在此后的4亿多年里，长着脊椎骨的、更高级的脊椎动物稳稳地占据着“海洋之王”的宝座。

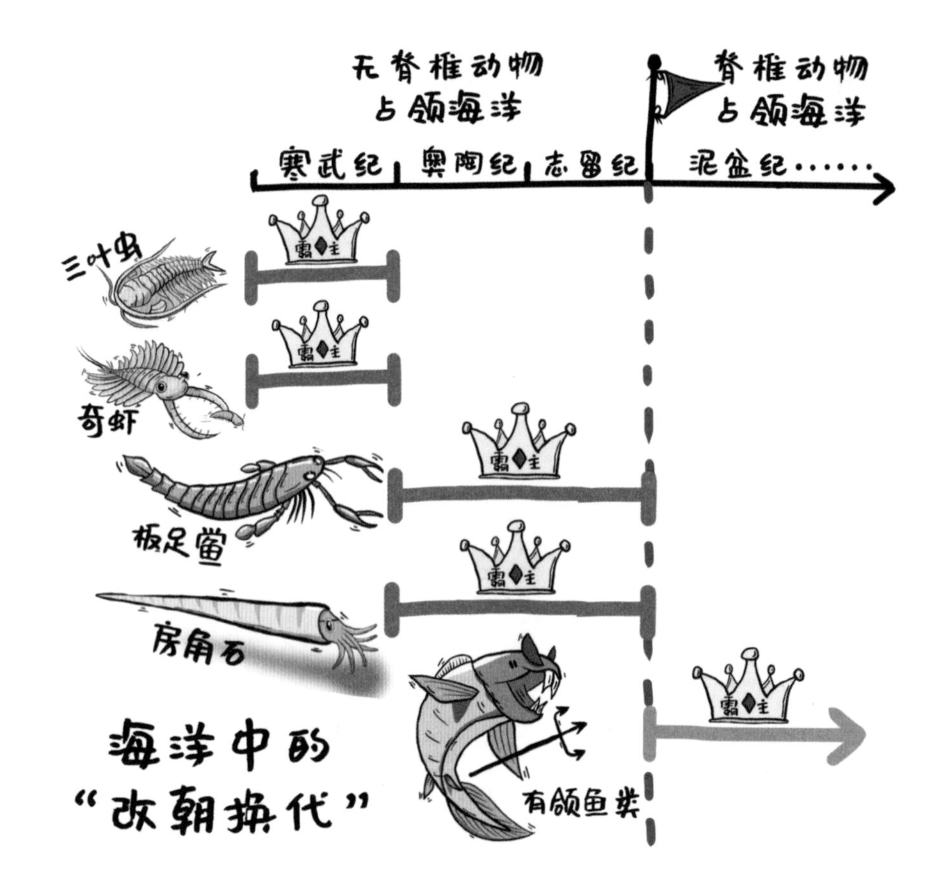

鱼类诞生的前夜

现如今，几乎所有脊椎动物的祖先都可以追溯到鱼类身上，而鱼类又是从更原始的动物演化而来的，这个过程漫长而艰辛。下面就让我们一起看看发生在鱼类诞生前夜的故事。

“没头没脑”的华夏鳗和文昌鱼

华夏鳗是一种非常神奇的动物，因为它们没有脑袋！相比于三叶虫、奇虾、角石等无脊椎动物，华夏鳗身体里有一个棒状结构，就像一根充满水的橡胶管。这根“橡胶管”就是脊索，它保护着神经索，让动物们的神经系统更加强大。华夏鳗发展出了脊索，可它的脊索从尾部一直延伸到身体的最前端，占据了原本属于大脑的空间，这下就没有地方让给大脑了。虽然它们的外形像鱼，但是它们不是真正的鱼。

华夏鳗早已灭绝，我们只能从化石当中一睹它们昔日的风采。而另一种同样“没头没脑”的动物——文昌鱼可能更加出名。文昌鱼分布于我国河北省东部、青岛、烟台、厦门等沿海地区，虽然叫作“鱼”，但也不是鱼。它们自寒武纪诞生以来，一直延续到了今天，堪称“活化石”！由于栖息地的破坏和人类的过渡捕捞，文昌鱼目前已经岌岌可危了。现在，野生文昌鱼已经被列为国家二级重点保护野生动物，希望它们的传奇故事还能继续书写下去！

"喜旧厌新"的海鞘

相比于华夏鳗和文昌鱼，另一种长着脊索的动物——海鞘就更加聪明一点。海鞘的脊索只从尾部开始向前延伸一小段，这样就不会占据脑部的空间。不过，海鞘的"智慧"并没有持续太久，这种身体结构只出现在它们蝌蚪状的幼虫阶段，一旦开始长大，匪夷所思的事情就发生了！

发育过程中，海鞘尾部的脊索和肌肉会统统退化掉，神经系统也随之严重退化，甚至大脑也完全消失不见。最后，海鞘会变成一个固定在海底的"杯子"，和古杯动物、海绵动物一样，过上"饭来张口"的日子。

海鞘拥有脊索这种更先进的特征，却回归到"饭来张口"的原始的生活方式。不过，这样在某种程度上也避免了和其他动物的竞争。至今它们仍与世无争地生活在海底。

“逮住天下第一鱼”

在华夏鳗、文昌鱼、海鞘之后，又经过漫长的演化，终于迎来了鱼类的诞生。昆明鱼和海口鱼的化石出现在云南昆明海口镇 5.3 亿年前寒武纪早期的地层当中，是迄今为止人类发现的最早的标准鱼类化石。因此，它们也被认为是鱼类的祖先，是所有脊椎动物的祖先。1999 年，国际学术界权威的《自然》杂志向世人展示了这个发现，标题就是“*Catching the First Fish*”（“逮住天下第一鱼”）。

知识卡片

什么是鱼类？

很多名字里带有“鱼”字的动物其实并不属于鱼类，比如鲸鱼、文昌鱼等。在生物学分类中，鱼类是用鳃呼吸，通过鱼鳍和身体摆动游泳的水生脊椎动物，具有结实的脊椎骨。鲸鱼用肺呼吸，因此不属于鱼类；文昌鱼尽管用鳃呼吸，但它没有脊椎骨，只有一条脊索，属于比较原始的“脊索动物”，因此也不属于鱼类。

昆明鱼和海口鱼拥有原始的脊椎，也具有明显的头部和发达的感官。在它们的眼睛后方还有 7 对小孔，用于呼吸时排出水，这些小孔叫作鳃孔，有点类似今天鲨鱼身体两侧的裂口。这些鳃孔能够自由开合，既可以防止异物堵塞鳃腔，还能增加水流，提高呼吸效率。从昆明鱼和海口鱼的时代开始，脊椎动物的传奇故事正式开始！

泥盆纪——鱼类时代的到来

昆明鱼和海口鱼标志着标准鱼类脊椎动物的诞生，但在一开始，鱼类还无法与海洋里的奇虾、板足鲎、头足动物抗衡。在经历了漫长的演化之后，被压制了 1 亿多年的鱼类终于强势崛起，在泥盆纪一跃成为地球的主角。因此，泥盆纪也被称为“鱼类时代”。那就让我们回到泥盆纪，看看鱼类的奋斗历史。

身披铠甲的甲胄（zhòu）鱼

最早期的鱼类是没有上颚和下巴的，被称作“无颌鱼类”，“颌”指的就是上颚和下巴。我们可能无法想象，没有上下颌的鱼要怎么吃东西。实际上，这些无颌鱼类以吮吸或过滤海水中的食物为生。从这样的取食方式来看，它们怎么也不像能统治海洋的动物。的确，无颌鱼类在 4 亿多年前的奥陶纪的海洋中只是无关紧要的小角色。人类对无颌鱼类的了解主要来自身披铠甲的甲胄鱼。

甲胄鱼身体前端裹着坚硬的甲胄，就像戴着头盔一样；体表覆盖着厚实的鳞片，就像穿着盔甲一样。但是这样不会变得笨重吗？不用担心，甲胄鱼拥有结实的脊椎和有力的肌肉。因此，尽管甲胄鱼身披重甲，但还是能够灵活地游动。同时，甲胄鱼还有非常发达的神经系统，灵敏的感官让它们能够迅速发现威胁，做出反应。凭借着这些优势，甲胄鱼最终成为鱼类时代的明星之一。大家在看到甲胄鱼化石的时候，可不要以为它们头前方的小孔是它们的嘴巴，这个小孔其实是它们的鼻孔，也是古生物学家对甲胄鱼进行更细致的分类时的依据之一。

有颌鱼类强势崛起

但是，甲胄鱼的兴盛并没有延续太久，一种新的鱼类强势崛起，把占据了海洋数亿年之久的无脊椎动物拉下神坛，自己稳稳地坐上了海洋霸主的宝座，它们就是“有颌鱼类”。与无颌鱼类相对，有颌鱼类有上颚和下巴，让它们成就如此伟业的秘密武器也就是能够开合的上下颌。

无论是外骨骼，还是贝壳，甚至是甲胄鱼的铠甲，都无法承受有颌鱼类上下颌巨大的咬合力，如此一来，曾经的捕猎者就变成了有颌鱼类的猎物。那么，这么有力的武器从何而来呢？

大家还记得昆明鱼和海口鱼的 7 对鳃孔吗？这些鳃孔形成了原始的鳃弓，而有颌鱼类的上下颌正是由其中两对鳃弓演化而来。有颌鱼类还演化出了长在身体两侧、成对的鱼鳍——偶鳍，帮助它们在游动时保持平衡，改变方向，使游动更加迅速和灵活。

上下颌和偶鳍赋予了有颌鱼类强大的攻击力和运动能力。其他动物在面对肉食性的有颌鱼类时，打也打不过，跑也跑不掉，只能沦为有颌鱼类的盘中餐。到泥盆纪中期，有颌鱼类建立了属于自己的王国，它们彻底打破了地球生命原本的格局。

下面，让我们一起看看有颌鱼类“四大金刚”的故事。

星星之火——棘鱼

棘鱼是有颌鱼类最小的一个分支。它们身披鳞片，用鳃呼吸，用鳍游泳，拥有流线型的身体、发达的肌肉、完善的鱼鳍，和现代的鱼类非常相似。棘鱼的腹部比其他鱼类多出数对特殊的鱼鳍，里面长着硬硬的棘刺，它们也由此而得名。

不过，无论是在海洋还是在淡水中，棘鱼都无法与其他有颌鱼类相抗衡，甚至还要躲避板足鲎、角石的追捕。和其他鱼类一样，棘鱼在泥盆纪达到巅峰。它们的种类虽然不多，但就像几点星火，开启了有颌鱼类占领海洋的燎原之势。

攻守兼备的海洋霸主——盾皮鱼

与棘鱼相比，有颌鱼类中的盾皮鱼则更加凶猛。它们的头部和胸部包裹着厚重的骨甲，看上去很像甲胄鱼。最大的区别就是，盾皮鱼具有强有力的上下颌。

盾皮鱼中最强大的一类叫作节颈鱼类，因为它们头颈上有大小不同的甲片，由关节连接，这样就赋予了头部更强的活动能力。它们在当时海洋中的地位约等于今天的鲨鱼，而它们中的王者——邓氏鱼，更相当于今天的大白鲨！邓氏鱼体长可以达到9米，是泥盆纪海洋的超级“巨无霸”，配合强大的上下颌、完善的鱼鳍、发达的感觉和神经系统，成为海洋中不可一世的统治者。

盾皮鱼同样在泥盆纪达到巅峰，然而，3亿多年前的泥盆纪大灭绝让盾皮鱼全军覆没，反而成了有颌鱼类四大分支中最先灭绝的。

轻装上阵的软骨鱼

软骨鱼，顾名思义，它们身体内的骨头全都是软骨。像大名鼎鼎的巨齿鲨、大白鲨等鲨鱼都是软骨鱼，很多至今仍活跃在海洋当中。但是，由于软骨鱼体内的软骨不容易形成化石，因此软骨鱼化石非常少，主要是一些牙齿

化石。像神秘的巨齿鲨，科学家只找到一些长度接近 20 厘米的牙齿，至今没有找到完整的化石。

可能有小朋友就有疑问了，软骨鱼周身的骨头都是软骨，为什么单单牙齿是坚硬的？难道牙齿不是骨头吗？事实上，软骨鱼的牙齿还真的不是骨骼的一部分，而是由鳞片发育来的！软骨鱼的鳞片被称为“盾鳞”，外面覆盖釉质，里面有髓腔，和牙齿的结构一模一样。就是说，这些鳞片中的一部分发育成了锋利的牙齿。为了增加咬合力，软骨鱼还对上下颌进行了加固，使它们的硬度甚至超过了一般的硬骨。这样一来，坚固的上下颌配合锋利的牙齿，造就了地球上最成功的动物猎手之一。

硬骨鱼的秘密武器——鱼鳔

如果要论繁衍最成功的有颌鱼类，那么一定要数硬骨鱼类了。现代硬骨鱼类遍布江河湖海，比如生活中常见的鲤鱼、草鱼、鲈鱼、鳜鱼、武昌鱼，以及有“水中大熊猫”之称的中国一级重点保护野生动物中华鲟，等等。更重要的是，硬骨鱼的一个分支成功登上陆地，成为陆地上所有脊椎动物的祖先，它们就是肉鳍鱼类。我们将在后面讲述它们的传奇故事。

硬骨鱼在 4 亿多年前的志留纪晚期出现，并迅速演化出了很多种类，其中不乏像含肺鱼这样体长可达 3 米的巨型猎手。而且，硬骨鱼熬过了 3 亿多年前的泥盆纪大灭绝，在盾皮鱼消失之后，与软骨鱼展开了长达数亿年的海洋争夺战，一直持续到今天。

硬骨鱼成功的秘密武器在于一个革命性的器官——鱼鳔。鱼鳔与外界空气相通，吸入空气后，鱼鳔体积增大，身体密度降低，这样一来，硬骨鱼就可以毫不费力地上浮。反过来，呼出气体后，鱼鳔体积减小，身体密度增大，硬骨鱼就会下沉。硬骨鱼凭借鱼鳔节省了大量的能量。我们今天的潜水艇就是仿照硬骨鱼的鱼鳔原理设计的。

现在我们知道了，泥盆纪是属于鱼类的时代，尤其属于那些强大的有颌鱼类。但是，生命演化的历史充满了不可思议。比如，在经历了泥盆纪末的大灭绝之后，有颌鱼类“四大金刚”中棘鱼和最强大的盾皮鱼全部灭绝，只有软骨鱼和硬骨鱼延续了下来。而看似弱小的无颌鱼类却熬过了一次次大灭绝，至今还有盲鳗、七鳃鳗等几十种无颌鱼生存在江河湖海里。那么，究竟是什么原因让“弱小”的无颌鱼类能战胜其他鱼类，一直生存到了今天呢？

迈向陆地的先锋队

植物迈出了第一步

在动物登陆之前，植物已经在 4 亿多年前的奥陶纪从海洋登上陆地，把生命的种子播撒到了新的世界。植物登陆的意义不仅在于让原本光秃秃的陆地覆盖上了绿色，更重要的是为陆地生态系统的建立打下了基础。在此之后，动物紧随植物的脚步来到陆地上。可以说，如果没有植物迈出了艰难的第一步，就没有如今生机勃勃、欣欣向荣的陆地。

开路先锋——地衣

地衣是一种真菌与藻类生活在一起组成的特殊生命。真菌的菌丝搭建起了一个“房子”，让藻类住在里面。真菌与藻类相互支持：藻类通过光合作用制造有机物，供自己和真菌享用；作为交换，真菌则负责给藻类提供水和无机盐。环境干燥时，真菌进入休眠状态，它们的菌丝则把藻类裹起来保护好，等待合适的时机重生。这种非常原始的生命形式对环境的依赖非常低，甚至可以生长在光秃秃的岩石表面。至今我们仍旧可以在一些光秃秃的岩石上看到颜色形态各异的斑块，那就是地衣。

早期的陆地上只有光秃秃的岩石，大片大片的不毛之地并不适合植物的生长。而附着在岩石表面的地衣能够分泌一种酸性物质，腐蚀岩石的表面。在地衣日复一日的改造下，原来的岩石逐渐崩解成细小的颗粒，配合雨水的冲刷，形成了适合植物生存的土壤。地衣就像一个开路先锋，为植物登陆打下了基础。直到今天，在一些不毛之地，地衣仍旧充当着开路先锋的角色。

能抗干旱的苔藓植物

> 志留纪与泥盆纪之间的地壳运动，使大陆普遍上升，海水撤退，海面缩小，因而原来为海特别是为浅海的地区，变为低湿的平原或具有洼地的丘陵地带。这是促使那些本身具有一定条件、能适应这种环境变革的植物从水生转为陆生的外界因素。

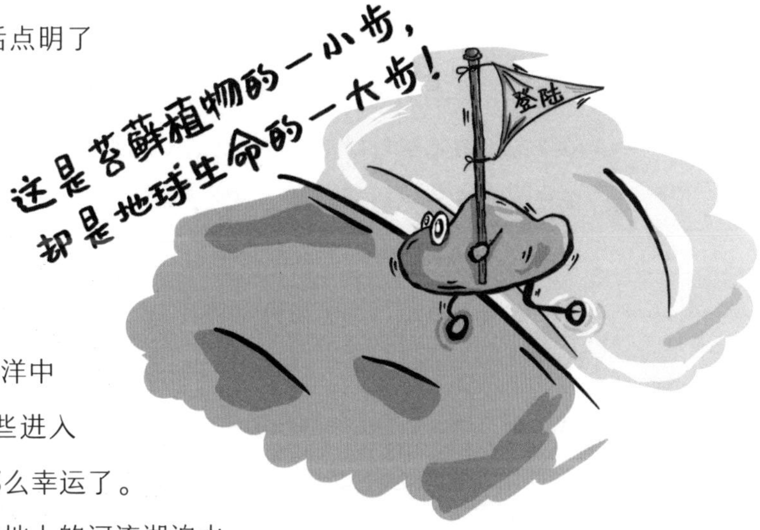

李四光先生的这段话点明了植物登陆最主要的环境因素：地壳运动使得大陆上升，海平面下降，原来的浅海地区逐渐变成平原及丘陵。大多数藻类植物在海洋中过着舒坦的日子，而那些进入陆地淡水环境的就没有那么幸运了。一旦遇到干旱的日子，陆地上的河流湖泊水量就会减少，甚至干涸。因此，抗干旱的能力对于进入淡水的藻类来说非常重要。在与大自然抗争的过程中，藻类不断提高自己的抗干旱能力。终于，最早的陆生植物——地钱诞生了。

地钱是最早的苔藓植物，它们能够从大气中吸收二氧化碳，从土壤中吸收水分和无机盐。它们用以繁殖的孢（bāo）子，也具有抗干旱的能力，能够在干旱时进入休眠状态，等到有水的时候才开始生长。这些特征让地钱能够适应陆地上的环境。不过，苔藓植物没有保持水分的能力，在干旱的环境下会失去体内的水分，因此它们只能生存在潮湿的地方或者水体附近，这种生活习性一直延续到了今天。

如今，我们依然可以看到很多苔藓植物。但是，有多少人能想到，正是这些不起眼的小家伙，迈出了植物登陆的关键一步！

拓展阅读 维管系统

在奥陶纪，水中的藻类植物已经有了根、茎、叶的分化，借助水的浮力舒展身体进行光合作用，而同时期陆地上的苔藓植物只能软绵绵地趴在地上，因为空气根本不可能像水一样支撑植物的身体。

既然空气靠不住，植物就得另想办法。到了志留纪，一些植物对体内的细胞进行了神奇的改造，它们通过提高细胞壁内纤维素的含量，让细胞壁增厚变硬。这些特殊的细胞聚集起来，像建造大楼一样向上延伸，这就是植物的“维管系统”。维管系统像钢筋混凝土铸成的柱子一样，支撑起植物的身体，让它们不再匍匐在地面上，而是向上生长，由此诞生了更加适应陆地环境的蕨类植物。

蕨类植物长出了叶片

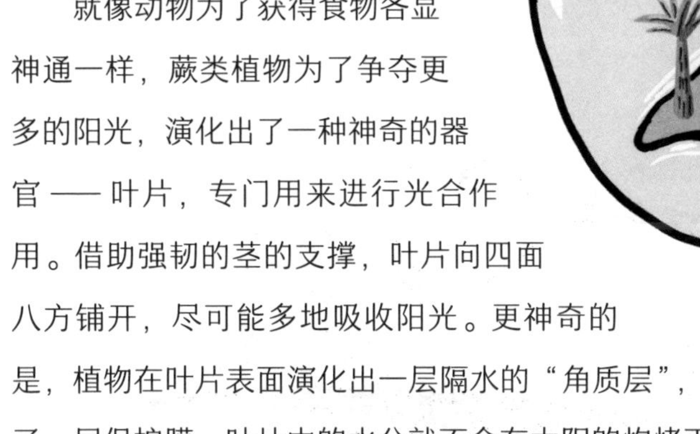

如果说地钱等苔藓植物迈出了植物登陆的关键一步，那么蕨类植物就是在加快脚步，开疆拓土。维管系统让植物拥有更强的支持能力和运输能力，地球上也逐渐诞生了石松、木贼等高达十几米的蕨类大树，形成了茂密的森林。

就像动物为了获得食物各显神通一样，蕨类植物为了争夺更多的阳光，演化出了一种神奇的器官——叶片，专门用来进行光合作用。借助强韧的茎的支撑，叶片向四面八方铺开，尽可能多地吸收阳光。更神奇的是，植物在叶片表面演化出一层隔水的“角质层”，就如同给柔嫩的叶片贴上了一层保护膜，叶片中的水分就不会在太阳的灼烤下迅速蒸发。

知识卡片

角质层

角质层是植物叶片等器官表面的一层脂质物质，其功能主要是起保护作用，能够防止叶片内的水分散失。我们可以把它看作植物叶片等器官表面的“皮肤”。

紧随其后的动物

从苔藓植物到蕨类植物，陆地上的植物创造了一个完全不同于海洋的生态系统，丰饶的食物和完美的栖息地吸引着动物的到来。因此，几乎是紧跟着植物登陆的脚步，海洋中的动物也开始了登陆的征程。

动物登陆的难题

和苔藓植物一样，最早登陆的动物也面临着如何防止水分散失的难题。

像蚯蚓一样的环节动物选择躲藏在潮湿的土壤里，防止被太阳晒到。由于陆地植物覆盖了地表，土壤中的水分不容易蒸发，这就为这类动物创造了良好的、潮湿的生活环境。它们在阴暗潮湿的土壤里生活了上亿年。

相比之下，软体动物具有与生俱来的优势——贝壳。陆生软体动物以蜗牛为代表，它们背着自己的“移动城堡”来到陆地上，如果遇到干旱，就缩进贝壳里，保持水分的能力大大加强。不仅如此，它们还改变了自己的呼吸方式。原来的鳃被弃置不用，转而用类似于“肺”的结构呼吸，大大提高了气体交换的效率。

身披铠甲的登陆者

节肢动物可能是当时最适合陆地生活的动物。不像蜗牛之类的软体动物还有软体暴露在外，节肢动物用外骨骼把自己包裹起来，有效地防止水分散失。加上灵活的附肢和比较发达的神经系统，节肢动物从一开始登上陆地就成为陆地的霸主。根据科学家们的研究，节肢动物很可能早在4亿多年前的志留

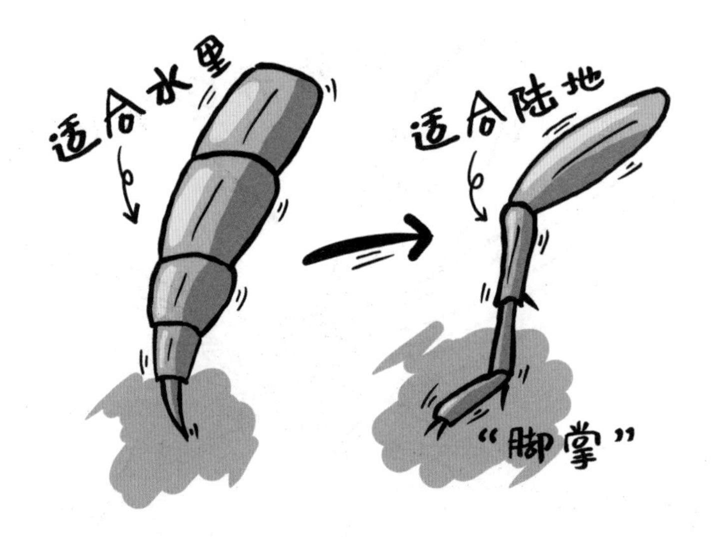

纪就登上陆地了。

为了适应陆地生活，陆生节肢动物也做出了不少改变。比如，它们把在水中呼吸用的鳃移到体内，只通过小孔与外界相通，从而减少水分的散失。在水里生活的节肢动物，脚一般都是尖的，这方便它们把脚插进礁石的缝隙，来固定身体或者移动。而在陆地上，尖尖的脚会陷进泥土当中，反而阻碍了运动。因此，陆生节肢动物还演化出了“脚掌”，以适应在陆地上行走。

陆地不是终点

节肢动物在登上陆地后，并没有停下征服的脚步，而是把新的目标放在了天空。想要飞上天空就得有翅膀，而最先演化出翅膀的正是节肢动物里的昆虫类。昆虫也是唯一长出了翅膀的节肢动物。

相比于其他陆生节肢动物，昆虫最开始的时候只是一个不起眼的小角色。直到石炭纪，昆虫演化出了飞行能力，才改变了自己的命运。有了飞行能力之后，昆虫可以吃到其他动物吃不到的食物，把卵产在其他动物够不到的高处，还能跨越高山深谷，迁徙到更远更广阔的地方……飞行能力为昆虫打开了一个全新的世界，比其他动物领先了至少 1 亿年。在这 1 亿年里，昆虫也演化出了不计其数的种类，其中就有天空霸主——巨脉蜻蜓。这种蜻蜓翼展

接近80厘米，是到目前为止发现的最大的昆虫。人类目前已知的昆虫种类就超过了100万种，几乎在地球的每一个角落都有它们的身影。

石炭纪是属于昆虫的时代，它们不仅征服了陆地，还飞上了天空。但是，关于昆虫翅膀是如何演化出来的，科学家至今也没有一个准确的答案。我们知道，像翼龙、鸟类等动物的翅膀实际上是从前肢演化来的，而昆虫的翅膀就像是凭空出现的。那么，聪明的小朋友们，你认为昆虫的翅膀是如何演化出来的呢?

征服陆地的“鱼”

离开水的鱼

在蚯蚓、昆虫等动物登上陆地后，又过了数千万年，直到距今约 3.6 亿年的泥盆纪晚期，鱼类才开始踏上登上陆地的冒险之旅。

不论是植物，还是动物，它们登陆首先要解决的难题是如何防止体内的水分散失。对于鱼类来说，由于有了皮肤和鳞片的保护，保持水分并非难以解决的问题，真正困难的是如何在空气中呼吸和如何在陆地上运动。

早期登陆的鱼类面临着这样的困难，那么它们是如何克服困难的呢？

长着“肺”的鱼

在前面我们已经见识到了硬骨鱼的秘密武器——鱼鳔。最开始的时候，鱼鳔还是一个辅助运动的器官，让硬骨鱼能够轻松地上浮下沉，节省能量。

更神奇的是，硬骨鱼中的肉鳍鱼类，鱼鳔上布满血管。它们的鱼鳔被改造成了原始的肺，辅助鱼鳃进行呼吸，这种原始的肺成为它们登陆的关键法宝。

这种原始的肺直到今天还在被非洲肺鱼使用。非洲肺鱼是肉鳍鱼的一种，它们能够在周围水体干涸时转而用这种原始的肺进行呼吸，同时像毛毛虫一样结出一个防水的茧，在里面等待着下一次雨季的到来。肉鳍鱼演化出了原始的肺，扫清了登陆路上的第一个障碍。

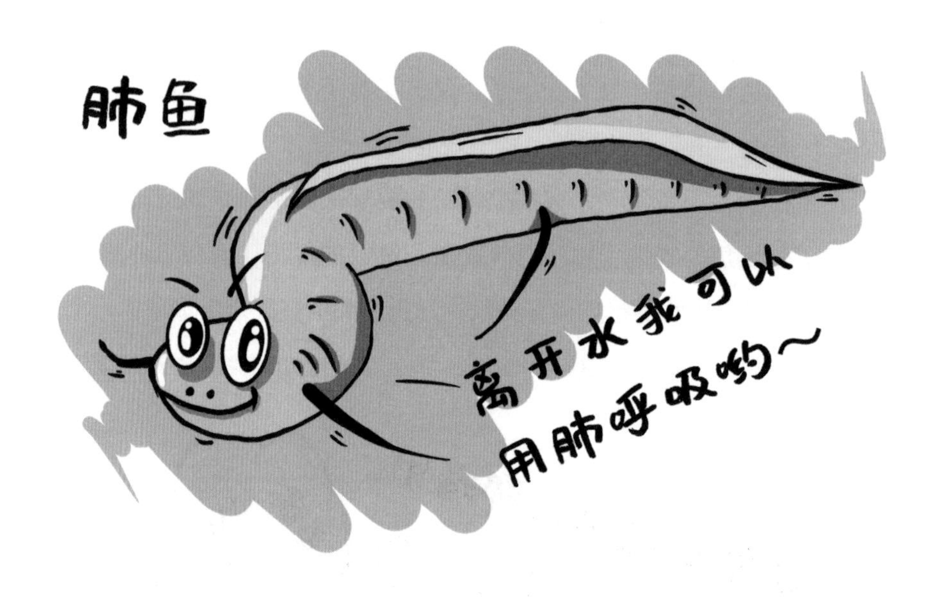

与众不同的鱼鳍

肉鳍鱼除了长着原始的肺，它们比其他鱼类神奇的地方在于，它们的鱼鳍根部是有骨头的。于是，这些鱼鳍就有了比普通鱼鳍更大的力量，不仅能用来在水里游泳，还可以用来在陆地上支撑身体，甚至用来爬行。泥盆纪晚期的肉鳍鱼已经可以在水体附近的陆地上缓慢移动了。不过，这些鱼鳍并不是专门用来爬行的，后来的动物不断对它们进行“改进”，逐渐形成了鸟类、兽类等动物的四肢，我们人类的胳膊、手、腿和脚同样也是从肉鳍鱼的鱼鳍演化而来的。

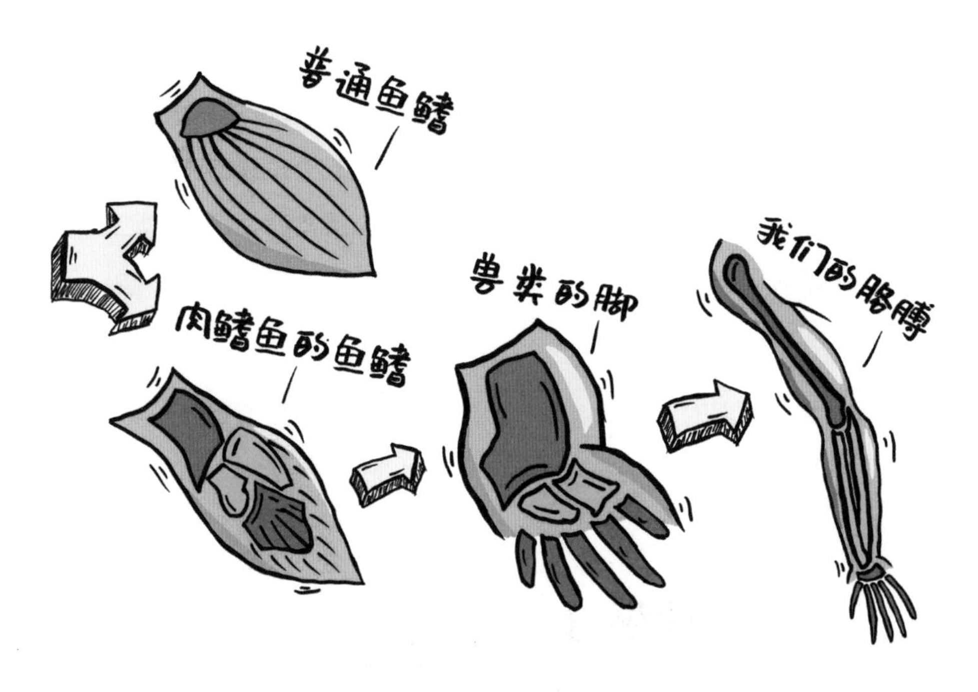

最早的两栖动物——鱼石螈（yuán）

随着肺逐渐开始承担主要的呼吸任务，鱼鳍逐渐变得越来越像四肢，肉鳍鱼也变得越来越不像鱼。除了这些，它们还在其他方面做出了改变，更加适应陆地上的生活。

比如，它们演化出了更加坚硬的骨头。在没有了水的浮力之后，这些坚硬的骨头可以帮助它们支撑身体。再比如，它们还演化出了鼓膜，通过鼓膜

的共振来放大空气中的振动，预知潜在的危险。这类的改变还有很多，让尝试登陆的脊椎动物祖先更加适应陆地环境，而不像其他鱼类那样非常依赖水。

在大约 3.6 亿年前，鱼石螈诞生了！鱼石螈是迄今发现的地球上最早的两栖动物，它们已经完全不像鱼类，而且非常适应陆地生活。在陆地上，一个属于它们的时代看似马上就要开启了。

大自然开的玩笑

然而，泥盆纪末的一次全球性的变冷，沉重打击了正准备要在陆地上大展拳脚的四足动物祖先。

关于这次全球变冷的原因，有的科学家认为是由植物引起的。这是怎么一回事呢？我们知道，植物登陆以后演化出了特有的维管系统，而此时的动物还没有演化出能“消化”维管中纤维素的能力。于是，没有天敌的绿色植物迅速在大陆上蔓延，原本光秃秃的广袤大陆瞬间变成了光合作用的超级工厂，产生了大量氧气，大气中的二氧化碳浓度迅速下降。我们知道，二氧化碳是一种温室气体，太多地球会变热，太少地球就会变冷。因此，科学家认为，很有可能就是泥盆纪末欣欣向荣的植物把地球带入了寒冷的冰期。

于是，地球上原来的生态平衡被打破，一切都乱套了。生物大灭绝的连锁反应彻底摧毁了原本的生态系统，登陆的四足动物也没能幸免于难。

拓展阅读　**肉鳍鱼的余晖**

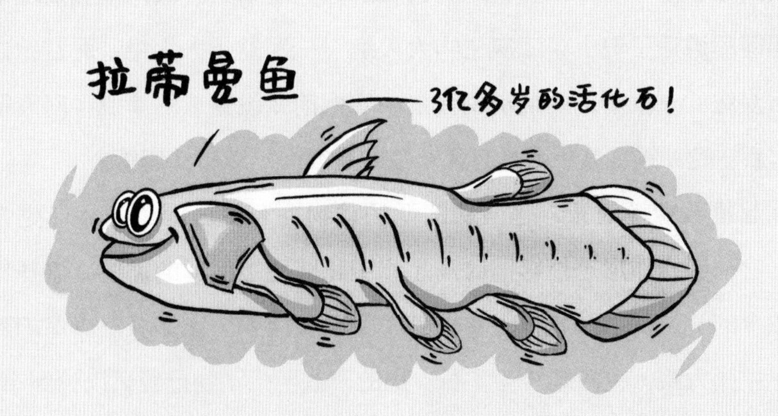

泥盆纪末的大灭绝沉重打击了脊椎动物的登陆先驱——肉鳍鱼类。很多种类的肉鳍鱼都在那次灾难中永远消失了，只有屈指可数的几种肉鳍鱼活到了今天，它们是澳洲肺鱼、美洲肺鱼，四种非洲肺鱼和两种拉蒂曼鱼。我们已经介绍了肺鱼的神奇之处，它们和祖先一样，在干旱时，用肺呼吸，等待雨季的到来。

拉蒂曼鱼的故事就更加传奇了。科学家们曾经以为，这种最初被叫作“矛尾鱼”的肉鳍鱼早就灭绝了，只能在化石中见到它们。直到1938年，渔民在非洲东南沿海无意中打捞上来一种奇怪的鱼。经过英国生物学家史密斯教授鉴定，原来这种鱼就是被认为已经灭绝的矛尾鱼。为了纪念它的发现者——拉蒂曼女士，科学家们就把现存的这种矛尾鱼称作“拉蒂曼鱼”。

新王朝的建立

真正的勇士不会在受到打击后沉沦，而是继续前行。在泥盆纪大灭绝后，劫后余生的四足动物祖先又开始了征服陆地的征程。这一次，没有什么能阻止它们的脚步，一个全新的、由脊椎动物统治的王朝逐渐建立起来。

新一轮冲锋

大约 3.6 亿年前，以鱼石螈为代表的两栖动物第一次向征服陆地发起冲锋，但随即遭遇了史上第二次生物大灭绝 —— 泥盆纪大灭绝。泥盆纪之后迎来了石炭纪，一批新的两栖动物接过了它们前辈没完成的事业，向着征服陆地发起新一轮冲锋。其中最具有代表性的是彼得足螈和瓦切螈。

比起鱼石螈等前辈，这些新的两栖动物拥有更坚固的骨头、更强大的肌肉。它们的身体形态能够同时满足水中和陆地上活动的需要，这些特点甚至在如今的一些两栖动物身上也得到了保留，比如国家二级重点保护野生动物 —— 中国大鲵，也叫娃娃鱼。石炭纪的一些两栖动物已经可以长到 1 米长，相比于当时统治陆地的巨型节肢动物，体形上丝毫不落下风。到了石炭纪后期，两栖动物还演化出了引螈这种身长超过 2 米的庞然大物。

大路朝天，各走一边

两栖动物最大的特点是能“一身两用”，即同时在陆地上和水里生活，因此它们有两组生存装备：在水里的时候，它们用尾巴划水，用鳃呼吸；在陆地上时，它们用四肢爬行，用肺呼吸。两栖动物能灵活地在水陆之间切换，但是“一身两用”意味着要同时供养两套器官，这着实是一个负担。

于是，两栖动物到了“分道扬镳”的时候。一部分两栖动物选择强化陆地生存能力，它们演化出更结实的骨头，更坚硬的鳞片，更健壮的四肢，更高效的肺，而尾巴越来越小。另一部分选择强化水中生存能力，它们保留了鳃，演化出更大更有力的尾巴，而四肢越来越弱。有的甚至终生生活在水里，比如鳃龙类。

青蛙——我全都要！

有没有一种身体结构能完美兼容水里和陆地两种环境吗？答案是：有！具有这种身体结构的是以青蛙为代表的“滑体两栖动物”。青蛙的祖先是二叠纪原蛙，而最早的、严格意义上的青蛙是在三叠纪时期诞生的。这类两栖动物褪去了身上的鳞片，皮肤表面总是滑溜溜的，所以被称作“滑体两栖动物”。

滑体两栖动物把自己的身体里里外外都“改造”了，跟它们的两栖类祖先一点都不像。它们用肺和皮肤呼吸，其中，皮肤呼吸不论是在陆地上还是

在水里都能派上用场。更重要的是，它们对自己的后肢进行了彻底的“改造”，几乎所有的肌肉都集中到后肢上。在水里，它们用强有力的后肢蹬水，配合长有蹼的大脚掌，推动身体前进；在陆地上，它们用强有力的后肢跳跃，甚至比爬行效率更高。今天，我们人类还借鉴了青蛙的游泳姿势，发明了蛙泳。

凭借这些“改造”，滑体两栖动物成为两栖动物最成功的一支，当其他两栖同类备受后来的爬行动物威胁时，这些小家伙还过得舒舒服服。它们熬过了一次次大灭绝，至今仍是地球上数量最多、分布最广的两栖动物。

在这一节中，我们回顾了鱼类、两栖动物等脊椎动物登陆的艰难历程。肉鳍鱼类的登陆是地球生命演化史上的大事，但是，最初是什么原因让一部分肉鳍鱼选择向陆地进发，走上了一条与其他鱼类不同的道路呢？有的科学家认为是由于海洋环境的变化，也有的科学家认为是由于陆地上有更丰富的食物，还有的科学家认为是由于肉鳍鱼打不过海洋里的其他鱼类……总之，肉鳍鱼登陆的原因还没有一个确切的说法。那么，你认为最有可能的原因是什么呢？

第四部分

中生代——恐龙王国的兴衰

以陆地为家

百花齐放的时代

中生代包括三叠纪、侏罗纪和白垩纪三个时期，时间跨度为约2.52亿年前到约6600万年前，持续了约两亿年。在这个漫长的时代中，生命逐渐演化到了一个新的阶段。随着生物对环境的适应能力不断增强，它们中的一部分逐渐离开了海洋，走向了陆地，陆生脊椎动物开始出现，地球也迎来了“恐龙王国”时代。下面，就让我们一起去探索神秘的中生代吧！

毁灭与新生

大家还记得约2.5亿年前二叠纪末期那场生物大灭绝吗？那是地球上自生命诞生以来，生物所经历的最严重的浩劫，成千上万种生物在那场大灭绝事件中消失了。但当我们感叹生命脆弱的同时，也不要忽视生命的顽强，在这场浩劫中，依旧有少数生命顽强地生存下来，并在随后到来的中生代适应了新的环境。

其实，早在二叠纪末期，地球的各个板块都拼合到一起，形成了一个超级大陆。这个大陆被称为“盘古大陆”。中生代的开端是三叠纪，这个时候盘古大陆仍然存在，而超级大陆的持续扩张，势必会造成一个严峻的问题：由于陆地面积增加，海洋面积急剧缩小。已经习惯了生活在海洋中的很多动植

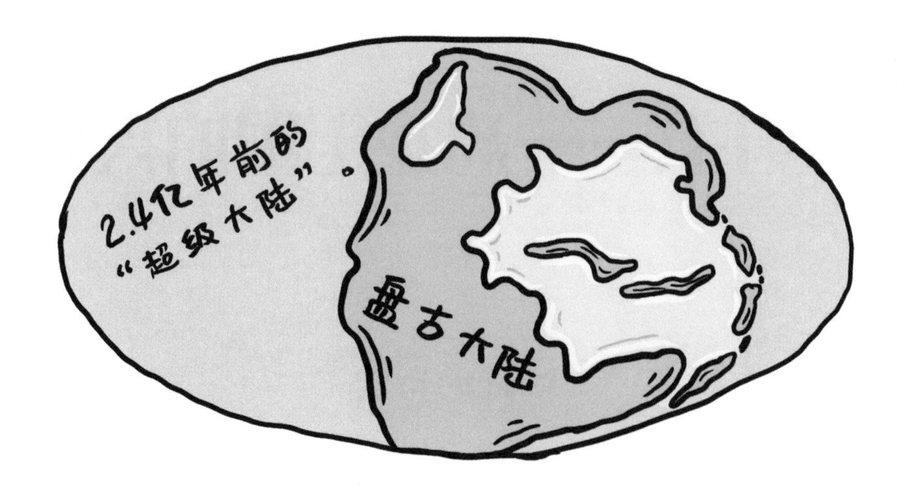

物挨过了二叠纪末期的大灭绝，却不得不离开海洋，踏上广阔而神秘的大陆，开始了它们的新征程。

两栖动物的进化开始了！

大家小时候一定听说过“小蝌蚪找妈妈”的故事吧。在水中出生的小蝌蚪不断长大，最终褪去了尾巴，变成了可以离开水、跳到河边的青蛙。正如我们在前面讲到的，像青蛙这种既能在水中活动，又能在陆地上活动的生物，

我们称为“两栖动物”，它们的出现是脊椎动物演化过程中的重大事件。要知道，之前的脊椎动物，无论多么“神通广大”，都无法离开海洋生存。但是，两栖动物还不能完全摆脱对水的依赖，它们需要在水中产卵，并且它们在小时候仍需要在水中生活。而当海洋面积持续缩小，动物需要进一步摆脱对水的依赖，适应只在陆地上生存，因此，两栖动物也开始了漫长又执着的演化！

怎样离开大海？

水是生命之源，生命的起源和演化都离不开海水的哺育。但是，过分依赖水源，对生物也是一种巨大的限制。因此，在海洋面积缩小的情况下，海洋中的动植物开始向陆地进军。前面我们提到，最先探路的是植物，它们为古老的大陆染上了一片绿色。随后，两栖动物开始一次重大的尝试，但是并没有彻底摆脱对水的依赖。那么，该怎样才能彻底摆脱海洋的束缚呢？让我们去一探究竟吧！

神秘的武器 —— “羊膜卵”

尽管两栖动物可以离开海洋，但是它们仍然需要回到水中产卵，就像鱼卵一样，必须产在水中，在水中孵化。而到了石炭纪末期，发生了一个革命性的事件 —— 羊膜卵出现啦！

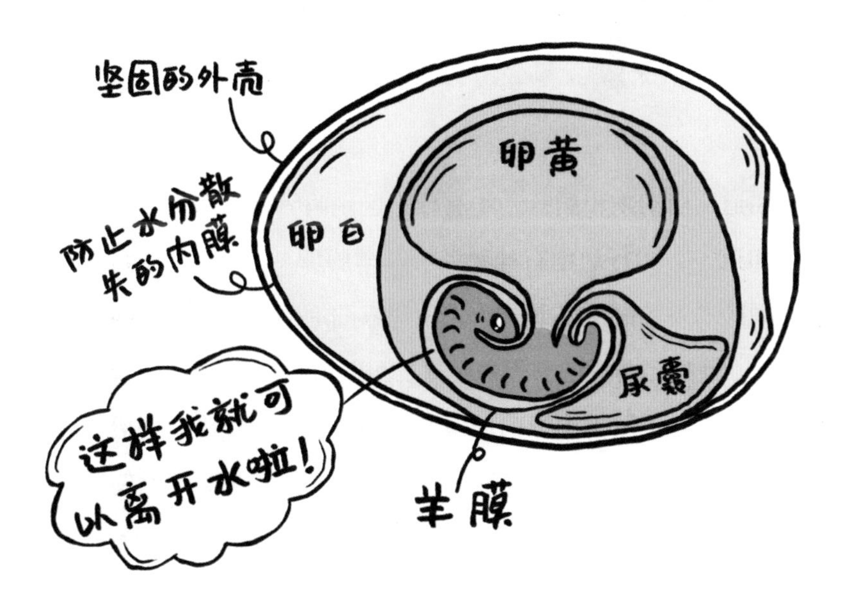

羊膜卵彻底改变了像两栖动物那样必须回到水中产卵繁殖下一代的状态。什么是羊膜卵呢？其实，我们常吃的鸡蛋就属于羊膜卵的一种。羊膜卵表面有一层坚硬的外壳，可以保护里面的生命抵御陆地上的风吹日晒。卵外壳表面还有些小孔，可以帮助生命更好地获取外界的空气、吸收热量。

最早拥有这一神秘“武器”的是爬行动物，它们出现在距今约 3 亿年的石炭纪末期。爬行动物拥有羊膜卵，可以将卵产在陆地上，并在陆地上孵化，这是脊椎动物进化过程中的又一次巨大进步。羊膜卵的出现使得脊椎动物彻底摆脱了对水体的依赖，得以在陆地上生活和繁衍后代。因此，爬行动物，以及随后出现的鸟类和哺乳动物也统称为“羊膜动物”。

爬行动物的“黄金时代”开始了！

大家知道两栖动物和爬行动物有什么区别吗？相信通过之前的学习，大家都已经知道了。爬行动物有神秘武器“羊膜卵”，而两栖动物没有，这就是它们之间最本质的区别。此外，为了适应陆地的生活，爬行动物也演化出了其他特征。比如，两栖动物因为还需要回到水中生活，体表皮肤比较光滑；而爬行动物为了适应陆地干燥的环境，体表皮肤比较坚硬。两栖动物头骨扁平，骨化程度不高；而爬行动物在陆地生存，需要观察到更远的地方，因此头骨较高。两栖动物和最初的爬行动物都属于“变温动物”，也就是我们俗称的冷血动物。因为它们自身无法调节体温，它们的体温会随着环境不断变化。在随后的演化中，爬行动物中出现了一些神奇的“恒温物种”，这些恒温动物可以调节自身的体温并保持在一定的温度下。

生物演化的历程包括许多次大飞跃，每次飞跃都有更高级的生物出现，给当时整个生物群带来崭新的面貌。可以说，从变温动物到恒温动物，也是生命史上的一次重大飞跃。自爬行动物开始，生命开始在陆地扎根，并创造了属于它们的“黄金时代”。

现在，我们已经知道，生物从海洋走向陆地的过程是生命演化过程中的大事。而登陆的生物为了适应陆地的环境也演化出了特殊的身体器官和繁殖方式。我们经常听到关于美人鱼的传说，你相信在大海里有美人鱼的存在吗？假设美人鱼真的存在，你觉得它们需要怎样演化才能适应在水里生活呢？

恐龙——中生代陆地之王

走进恐龙王国

中生代是一个“热闹非凡”的时代，不仅脊椎动物完成了从海洋到陆地的进化，而且出现了陆地上最大的脊椎动物 —— 恐龙。大家有没有想象过恐龙世界是什么样子呢？各种各样的恐龙之间有什么区别？让我们一起去探索吧！

恐龙的独有“优势”

大家去博物馆观看恐龙化石，是否发现恐龙有好多种类呢？是的，恐龙只是个统称，准确来讲，恐龙属于爬行动物的一支。它们中有的种类具有非常庞大的体形，也有人将它们称作“恐怖的蜥蜴”。

进化初期的爬行动物都是变温动物，随着进一步的进化，爬行动物中出现了恒温动物——没错，就是恐龙！对于变温动物来说，它们的身体机能受到环境制约。比如，冬季气温低的时候，它们会进入长时间的“冬眠”状态。而对于恒温动物来说，它们体温恒定，因此可以不受环境影响，身体机能一直处于最佳状态。正是因为这个优势，恐龙得以在中生代的地球上遍布各地，成为中生代地球的统治者。

陆地上的王者

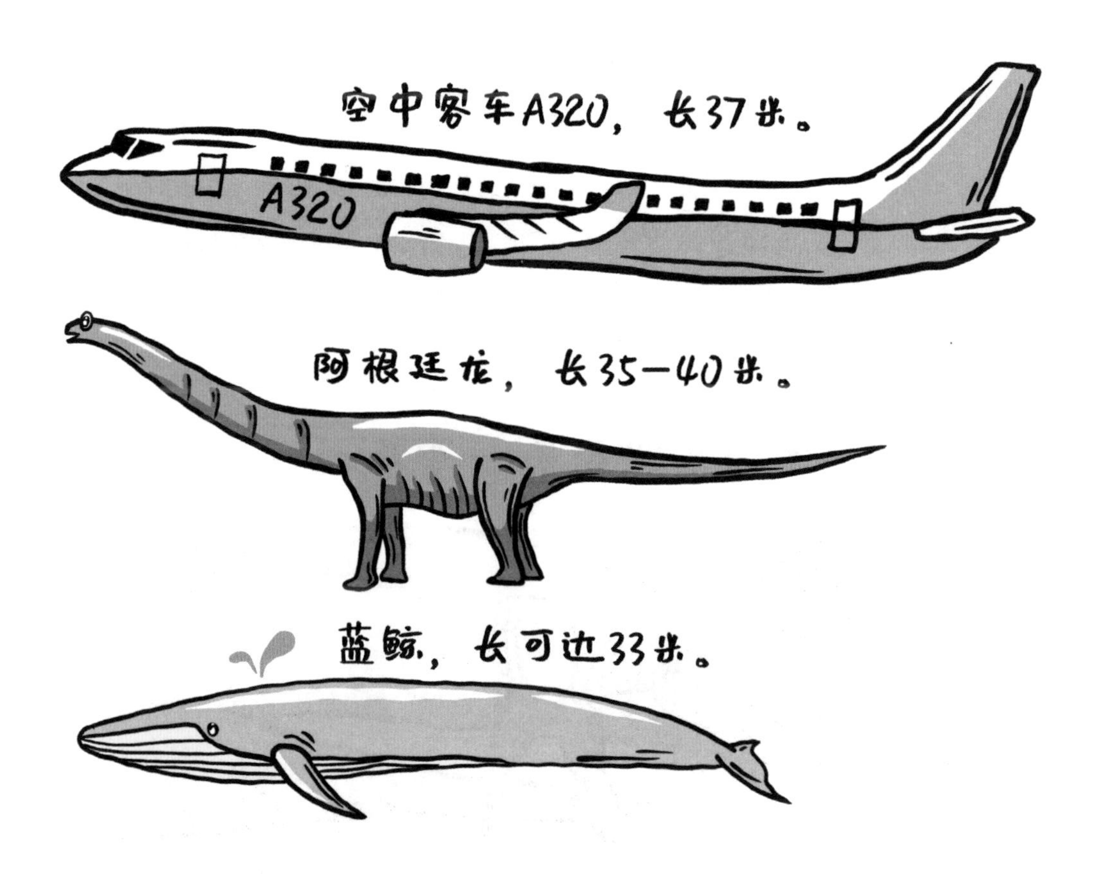

目前，古生物学家发现的恐龙种类超过 800 种，它们的足迹遍布中生代地球的各个角落。大家印象中的恐龙是不是体形都很大呢？其实，不同种类的恐龙个体差异很大，有的体长不到一米，有的体长达到几十米。它们的生活方式也不尽相同，有的群居，有的独居。一些可靠的化石证据表明，目前已知最大的恐龙是阿根廷龙。20 世纪 80 年代，科学家在南美洲发现了一些巨大的脊椎骨，慢慢揭开了阿根廷龙的神秘面纱。

据推测，阿根廷龙体长可达 35—40 米，相当于 1.5 节客运火车车厢的长度。体重可达 90 吨，相当于 20 头非洲象的体重。阿根廷龙出现在约 1 亿年前的白垩纪中期，以植物为食。它所在的家族 —— 泰坦龙类，家族成员的体长都可达几十米，体重达几十吨，个个都是大块头。在阿根廷出土的巴塔哥巨龙，其大腿骨长达 2.4 米，比一个正常成年男子的身高还高出许多。这些恐龙“巨无霸”，可以当之无愧地称作中生代陆地上的王者。

浅海里的杀手

恐龙不仅在陆地上奔走，在浅海里也有它们的足迹。重爪龙就是生活在浅海里的一种恐龙。它们有非常尖锐的爪子，古生物学家就是根据这个特征为它们命名的。重爪龙最早发现于英国伦敦西南部，它们那巨大的爪子引起

了科学家们的注意。据推测，这类恐龙体长可达8—10米，体重达2—4吨。它们的头部和现在的鳄鱼有些相似，而且和鳄鱼一样，都有着强壮而锋利的爪子。令人吃惊的是，在它们的化石中居然发现了史前鱼类的残骸。根据爪子和牙齿的化石推测，重爪龙以鱼类为食，也吃一些死去的恐龙。因此，它们一般生活在滨水区域。它们会坐在河岸休息，也会潜入水中，并用它们那强壮的颚骨捕鱼。这种方式类似现今的灰熊。重爪龙凭借锋利的爪子和牙齿登上浅海顶级猎食者的宝座。

鸟类的真正始祖?

大家有没有想象过：恐龙如果长出羽毛会是什么样子？1996年，在中国辽宁省，人们意外发现了一块化石，这就是后来举世瞩目的“中华龙鸟”化石。中华龙鸟生活在约1.4亿年前的白垩纪早期。它们体形很小，骨架只有一米左右，前肢粗短，后腿较长。最令科学家们惊异的是，它从头到尾都披覆着羽毛。在以往的研究中，人们认为恐龙与鸟类最主要的区别就在于有没有羽毛和叉骨。

知识卡片

叉骨

恐龙的胸骨左右两侧各有一根锁骨，这样的结构一直延续到了哺乳动物身上。而在恐龙向鸟类演化的过程中，胸骨左右两侧的锁骨逐渐“愈合”，最终形成一块完整的“V”形的骨头。鸟类的这个骨头被称为叉骨，是鸟类特有的，坚实而富有弹性，可以保护鸟类柔软的气管和血管，让它们更适宜飞行。

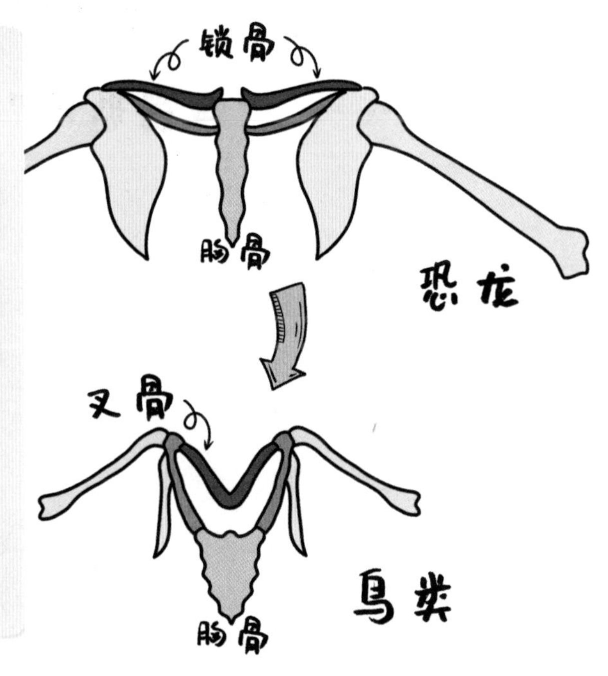

那么，中华龙鸟是不是最早的鸟类呢？随着研究的深入，科学家们意识到，这是一种小型兽脚类恐龙。除了中华龙鸟，还有很多长有羽毛的恐龙，比如尾羽龙、北票龙、小盗龙等。其中，小盗龙是目前已知的体形最小、长羽毛的恐龙。它们的四肢都长有羽毛，因此也被称为“四翼恐龙”。

“四翼恐龙”——小盗龙

关于这些恐龙为什么会长满羽毛，有的科学家认为，羽毛只是起到装饰的作用；也有科学家认为，这些羽毛可能具有保温作用。不管怎么说，中华龙鸟的发现意义重大，它们既保留了小型兽脚类恐龙的一些特征，又具有鸟类的一些基本特征，成为恐龙向鸟类演化的中间环节。

温顺的素食者

如果按照食物类型来对恐龙进行划分，恐龙可以划分为植食性恐龙和肉食性恐龙两大类，它们分别以植物和动物为食。

植食性恐龙性格比较温顺。例如腕龙，它们以树梢处的叶子为食，前肢十分强壮，尾巴较短。它们的头可以抬得非常高，类似于我们现在的长颈鹿。不过，腕龙的体形可比长颈鹿大得多，身长可达25米，高度可达15米，是长颈鹿的3倍！腕龙性格温和，像玉树临风的谦谦君子。

当然，并不是所有的植食性恐龙都有好脾气。比如三角龙，它们可是出了名的暴脾气。它们的头部长着三根巨大的角，有点像现在的犀牛。体形比犀牛大得多，体长可达10米。它们经常向其他动物耀武扬威，展示自己头顶的“武器”，凭借着像铁一样的头顶，敢与霸王龙一较高下。此外，同样不好惹的还有甲龙和剑龙，它们身披重甲，就像战车一样，与三角龙组成植食性恐龙“三剑客”。

凶暴的肉食者

提起肉食性恐龙，大家最先想到的是哪种恐龙？估计很多人会首先想到霸王龙。霸王龙生活在6000多万年前的白垩纪末期，是中生代最后的霸主。它们头高接近6米，体长可达15米，体重可达10吨，是最庞大的肉食性恐龙。霸王龙的前肢短小，大约和我们的手臂相当，主要起平衡作用。它们的头部巨大，牙齿非常锋利，咬合力更是达到了惊人的10吨，是我们人类的300倍！作为白垩纪末期的霸主，几乎所有其他恐龙都是霸王龙的捕食对象。

并非所有的肉食性恐龙都像霸王龙这样庞大，还有一些恐龙体形较小。例如恐爪龙，它们高度不过 1 米。虽然体形较小，但它们依然是凶暴的猎食者。不同于霸王龙横冲直撞的攻击，它们捕食的时候动作十分敏捷，常常跳到猎物身上，以迅雷不及掩耳之势划破猎物的颈部。猎物往往还没有反应过来是怎么回事，就已经成为恐爪龙的盘中餐了。

形态各异的恐龙蛋

大家有没有想过，恐龙是怎样繁衍后代的呢？我们知道，恐龙属于爬行动物，爬行动物和两栖动物最大的区别就是，爬行动物有羊膜卵。恐龙的“羊膜卵”就是我们俗称的恐龙蛋。恐龙蛋是十分珍贵的古生物化石，最早在 19 世纪 60 年代发现于法国南部。后来，科学家们又陆续发现了各式各样的恐龙蛋。恐龙蛋有圆形、椭圆形、橄榄形等多种形状。恐龙蛋的大小也差异巨大。最大的恐龙蛋直径超过 50 厘米，最小的直径不到 10 厘米。通过恐龙蛋可知，恐龙繁殖过程和乌龟有些相似。到了繁殖季节，恐龙成群结队地去繁衍后代，产蛋的地点一般为植物生长茂密的河岸旁。不同的恐龙，产蛋方式也有区别。有的蛋随机分布，有的呈辐射状排列。至于产完蛋后雌性恐龙是否要在一旁守护，或者进行孵化，迄今还没有定论。

科学家们可以通过化石还原恐龙的大小和样子，却无法还原恐龙的颜色，这可是个未解之谜！有的科学家认为，恐龙应该和鸟一样，为了吸引异性或其他目的而演化成五颜六色。你怎么看呢？

恐龙的兄弟姐妹

恐龙的亲戚——其他爬行动物

繁荣的中生代，不仅是恐龙遍布的时代，也是许多其他爬行动物的“黄金时代”。比如海洋霸主沧龙、空中霸主翼龙，它们虽然都叫作“龙”，却不属于恐龙。它们是恐龙的远房亲戚，与恐龙有共同的祖先。下面，就让我们去看一看这些爬行动物的生活吧！

海洋霸主——沧龙

在中生代的地球陆地上，恐龙是无可争议的霸主。然而，在广袤的深海中，却是它们的近亲——沧龙在统治着。沧龙出现在约1亿年前的白垩纪中期，并在6000多万年前和恐龙一起灭绝。研究表明，沧龙的体长可达17米，体重可达16吨，就像一辆公共汽车那么大。在沧龙生活的深海里，竞争十分激烈，海洋中还游弋着蛇齿龙、远古鲨鱼、金厨鲨等“顶尖杀手”。虽然沧龙体形巨大，但是它们在水中运动极快，十分灵活。它们凶狠残暴，牙齿像钻头一样，大而尖锐。沧龙在十多万年的时间里，几乎将它们的竞争对手赶尽杀绝，成为冠绝一时的海洋霸主。

空中霸主——翼龙

在中生代，恐龙是陆地上的霸主，沧龙是海洋里的霸主，那哪种动物是空中的霸主呢？答案是翼龙。翼龙生活在约2亿年前的三叠纪晚期到6000多万年前的白垩纪末期，尽管和恐龙的生存年代相近，但它们不是恐龙。在翼龙生活的时代里，天空是它们自由驰骋的领地。

翼龙看上去和我们今天的鸟类有点相似，不过，鸟类并不是从翼龙演化来的。科学家经过仔细的研究发现，翼龙没有羽毛和鸟类特有的叉骨，翼龙的翅膀其实是一层薄薄的皮肤，和鸟类有着天壤之别。那么鸟类的祖先是谁呢？这个问题的答案我们留在后面揭晓。

翼龙中最有名的莫过于风神翼龙。它的翼展可达11米，是人类目前已知最大的飞行动物。巨大的双翼，可以支持它们在天空中自由滑翔。风神翼龙的嘴又长又细，没有牙齿。它们有着修长的脖子，细长的腿，就像现在的丹

顶鹤一样。

风神翼龙每次飞行都十分耗费体力，因此需要摄入大量的食物。大家猜一猜风神翼龙的食谱中都有什么？小鱼？小虾？并不是！它们时常以幼小的霸王龙为食！目前，风神翼龙的生活习性引起了科学家的关注。它们有如此庞大的身躯，是怎样起飞和着陆的？它们的捕食过程又是怎样的？这些未解之谜都等着我们去探索呢！

知识卡片

沧龙、翼龙为何不属于恐龙？

科学家在研究爬行动物时，根据它们身体结构和运动方式的不同，把它们分成了很多类，也即分成了很多“目”。恐龙其实是爬行动物中“蜥臀目”和“鸟臀目”的总称，而翼龙、沧龙虽然也叫“龙”，但属于爬行动物中的其他“目”，翼龙属于“翼龙目”，沧龙属于“有鳞目”，因此都不属于恐龙。

从中生代“爬”到现在的乌龟

乌龟在我们的生活中十分常见。你知道吗？乌龟可是地球上一种古老的生物。龟类的祖先大约可以追溯到 2 亿多年前的三叠纪。至于龟类的祖先到底是什么，有人认为是祖龟，有人认为是半甲齿龟，有人认为是原颚龟，现在仍然没有定论。

科学家们认为，龟类的祖先在 2 亿多年前都生活在一个叫特提斯海的海域，地理位置大概在现今的阿尔卑斯山和喜马拉雅山连成的线上。当时那里气候温暖湿润，适合生存繁衍。然而，在那个海域还游荡着鱼龙等大型猎食者，为了生存下去，龟类的祖先开始披上厚厚的铠甲——龟壳。在白垩纪甚至出现了体长达 4 米，体重达 2 吨的古巨龟。直到现在，龟类仍然生机勃勃。

存活至今的鳄鱼

你在动物园中见过鳄鱼吗？鳄鱼和乌龟一样，拥有古老的历史，它们都是与恐龙同时代的生物。现在的鳄鱼一般生活在淡水湿地，你知道这是为什么吗？这可能和鳄鱼祖先辛酸的“斗争”历史有很大关系。

鳄鱼的祖先活跃在距今 2 亿多年的三叠纪时期，在那个时代，恐龙还没有在大陆站稳脚跟，因而鳄鱼祖先才是三叠纪的实际霸主。然而，三叠纪末的一场大灭绝让它们元气大伤。三叠纪结束后，想要重夺霸主地位的鳄鱼祖先却发现：在海洋里，鱼龙和鲨鱼正如日中天；在陆地上，恐龙已经一统天下。因此，它们只能选择在竞争压力比较小的淡水湿地生存下去。淡水地区适于隐藏伏击，食物丰富，一下子成了鳄鱼的天堂。因此，自约 1 亿年前的白垩纪开始，鳄鱼便在水滨定居，成为地球古老的居民之一。

为什么中生代的霸主——恐龙已经灭绝，但是它们的近亲，如乌龟和鳄鱼，至今还生机勃勃呢？它们有什么可以躲过大灭绝的特殊技能吗？

从“裸子”到“被子”

地球上的植物，是以最原始的形态先出现在海水中的。有漫长的时期陆地上基本上没有植物，几乎到处是秃山和荒漠。大地换上绿装，是开始于泥盆纪（距今4亿到3.5亿年）。

我们已经了解了中生代的各种爬行动物，再来看看中生代的植物。植物作为勇敢的探路者，让中生代的盘古大陆染上了一片绿色。正是因为有它们，中生代的各种动物才有了食物保障。在中生代，植物世界也发生了可喜的演化。

裸子植物的时代

植物的演化过程，就像一场漫长而艰辛的马拉松。植物演化的总体趋势是由水生到陆生、由低级到高级、由简单到复杂。在距今2亿多年的三叠纪，裸子植物从蕨类植物手中接过了演化的大旗，并在陆地上开创了属于它们的时代。那么，裸子植物是什么？相比于蕨类，裸子植物又有着怎样的优势呢？

由孢子到种子

当秋天来临，公园中的银杏树叶染上了金黄色。如果你仔细观察，会发现银杏果的种子裸露在外，没有任何果皮包被。当然，还有我们平时吃的松子，同样没有果皮包被。这种种子没有果皮包被的植物便称为“裸子植物”。裸子植物和蕨类植物最大的区别就在于种子。蕨类虽然有发达的根、茎、叶，但是它们没有种子，其繁衍靠的是一种被称作“孢子”的生殖细胞。

孢子十分脆弱，只有在水中才能生长发育。裸子植物的优势在于它们有

了种子。它们可以离开水源生长，在陆地扎根。尽管早期的蕨类植物已经登上陆地，但是裸子植物凭借其较为高大的躯干、强壮的根系，真正完成了对陆地的征服！可以说，中生代是属于裸子植物的时代。

特立独行的种子蕨

要说裸子植物中最古老的植物，当属种子蕨。种子蕨虽然名字里带有“蕨”，但它是根正苗红的裸子植物。这种植物非常有趣，它的叶子和蕨类植物从外形上看几乎没有区别，但是它的叶子上长有种子，这也是它的名字“种子蕨”的由来。虽然种子蕨是裸子植物的先祖，但是它的统治并没有维持太久。到了中生代，一大批“后起之秀”取代了它的地位。种子蕨逐渐退出历史

舞台，在 1 亿多年前的白垩纪灭绝。万幸的是，它们的化石被十分完好地保留了下来。这些古老的化石仿佛在诉说着它们的辉煌时代。

苏铁、银杏和松柏的天下

我们认识了已经灭绝的种子蕨。其实，真正在中生代繁荣起来的是裸子植物“三兄弟”：苏铁、银杏和松柏。这三类植物一直生存到现在。苏铁，就是我们常说的“铁树”，它们的植株粗壮直立，在侏罗纪最为繁盛，遍布全球。然而，到了现在，苏铁已经不再繁盛，它们的茎叶变得越来越细。相比于苏铁的“没落”，银杏的发展还算比较平稳。银杏与苏铁类似，在侏罗纪早期达到极盛。如今，银杏常被用作城市的行道树，在园林绿化方面发挥着重要的作用，堪称植物界最著名的“活化石”。要说中生代最繁盛的植物，非松柏莫属了。松柏种类繁多，既有高大的乔木，又有低矮的灌木，常常形成大片针叶树林。因此，在中生代，苏铁、银杏和松柏一起赋予了盘古大陆绿色的生机。

被子植物的诞生

我们今天看到的绝大多数植物都是“被子植物”。我们平时吃的大米、小麦和大部分水果，都属于被子植物。那么什么是被子植物呢？被子植物最重要的特征在于种子被果皮包被，这也是它们与裸子植物的本质区别。在中生代，虽然裸子植物占据着统治地位，但是被子植物也渐渐崭露头角。

最早的被子植物是什么？

被子植物是现今植物界最高级最繁盛的植物。大家知道最早的被子植物是什么吗？早在 19 世纪，著名的生物学家达尔文发现，大量被子植物的化石突然出现在白垩纪地层中，却找不到它们的祖先。在达尔文的时代，被子植物的起源还是个未解之谜。

在 20 世纪 90 年代，科学家们在我国辽宁省发现了一个举世瞩目的化石——辽宁古果。别看它是一个不起眼的植株，科学家在它的枝叶中发现了有果皮包着的种子！这就说明，生活在约 1.2 亿年前白垩纪早期的辽宁古果，是截至当时人们发现的最早的被子植物。这个发现轰动了世界，人们惊奇地意识到，被子植物的起源地之一就在中国的东北地区！

时间进入 21 世纪，科学家们对被子植物的研究取得了更大的进步。近些年又发现了最早的花朵——南京花。南京花绽放在侏罗纪早期，与恐龙几乎同时代。它们的出现，又将人们已知的被子植物的出现时间提前了约 5000 万

年。它们就是最早的被子植物吗？关于这个问题，科学家们仍然在探索追寻。

走向繁荣

在距今6000多万年的白垩纪晚期，被子植物进入爆发期，开始繁盛起来，并与裸子植物争夺地球的霸权。被子植物的种子有果皮包被，因而能够获得更好的保护，在恶劣的环境中也能繁殖。被子植物演化出了真正的根、茎、叶、花、果实和种子，适应环境的能力大大增强。第四纪冰期结束后，由于被子植物具有强大的适应能力，它们在陆地的各种环境下发育出了不同的新类型。被子植物的种类更是达到了30多万种。因此，从新生代开始，裸子植物没能保住自己的王座，被子植物成为最终的王者！

植物的演化史，也是一部生命相互竞争的历史。在这场波澜壮阔的竞争中，被子植物成为最后的赢家。请同学们想一想，被子植物获胜的最大优势是什么？

飞上蓝天的“恐龙”

没有对手的恐龙突然消失了

在我们现今的世界中，已经看不到恐龙的身影。然而，作为中生代的霸主，恐龙可是统治了地球将近两亿年！很难想象，这样一个庞大的物种会凭空从地球上消失。恐龙的灭绝为我们带来了太多的未解之谜。它们到底经历了什么？

小行星的造访

自恐龙化石被大量发现以来，人们就一直在探寻恐龙灭绝的原因。在20世纪80年代，一个石破天惊的理论被提出了——恐龙灭绝的原因是小行星撞击地球！随着研究的深入，越来越多的科学家接受了这个理论。这个理论认为，在大约6000万年前，一个直径约10千米的小行星撞向地球。随后，撞击产生的碎片和尘埃将地球笼罩起来。一时间，白天变成黑夜，温度突然降低，原本生机勃勃的地球瞬间变成地狱——大灭绝来临了！如今，在墨西哥的尤卡坦半岛，我们仍然能看到那次撞击形成的巨大的陨石坑。

灾难的降临

庞大的恐龙家族真的毁灭于陨石撞击吗？其实，小行星的造访，可能只是灭绝的开始。我们知道，由于小行星的毁灭性冲击，地球笼罩在一片尘埃之中，甚至连阳光都很难穿透。虽然有一部分恐龙挺过了这次撞击，但是它们将要面临更大的挑战。首先，由于缺乏阳光，植物大批死亡。植食性恐龙由于缺少食物，被活活饿死。其次，植物的大量死亡导致大气中氧气含量降

低，恐龙由于缺氧，生存能力急剧降低。最后，尘埃的笼罩导致大地无法获得光和热，温度急剧下降，而恐龙蛋对温度十分敏感，因此，恐龙无法繁殖出小恐龙了。

小行星的撞击带来了接连不断的灾难。有些幸运的恐龙可能挺过了小行星撞击。然而，它们又在之后接二连三的打击中无奈倒下。自此，恐龙结束了对地球的统治，恐龙帝国轰然倒塌！

白垩纪大灭绝

前面我们学习过，在地质历史时期一共发生了五次大灭绝事件。恐龙的灭绝，就属于第五次灭绝——白垩纪大灭绝。这次灭绝事件是离我们最近的一次，距今约6500万年。在这次灭绝事件中，不只是恐龙，许多其他动物也同样受到了毁灭性的打击。陆地上，半数以上的鳄鱼、翼龙灭绝了。哺乳动物和鸟类也遭受重创，许多类似袋鼠的有袋类动物灭绝。海洋中的鱼类受到的影响不大，除了硬骨鱼类，大多数物种都逃过了大灭绝。不过，海洋中的微生物就没有这么幸运了。

白垩纪的名称就来源于科学家们在那个时代的地层中发现的大量的“白

垩”。所谓“白垩”，指的就是死亡了的海洋生物的尸体。与此同时，海洋里繁盛一时的菊石也彻底消失。这次灭绝给地球的生物带来了严重的打击。

毁灭，新生！

大灭绝事件固然令人感叹与惋惜，但是，每一次灾难性的灭绝，都蕴含着新生的契机。白垩纪后，生命演化的步伐并未停止。在一片废墟中，幸存下来的哺乳动物和鸟类并没有气馁，它们一步一个脚印，在废墟上重建了自己的家园。终于，时间来到了新生代，这是属于哺乳动物和鸟类的时代。

飞向蓝天，获得重生

虽然恐龙灭绝了，但是恐龙的后代仍然活跃在现今的世界中。只不过，它们已经长出了翅膀，飞向蓝天。它们，就是鸟类。鸟类从恐龙的一支演化而来。我们已经了解到鸟类与恐龙的区别主要在于是否有羽毛和叉骨。我们也了解了一些长着羽毛的小型兽脚类恐龙，比如中华龙鸟、小盗龙等，它们是恐龙向鸟类演化的过渡物种。现在，我们再去认识另一种恐龙向鸟类演化

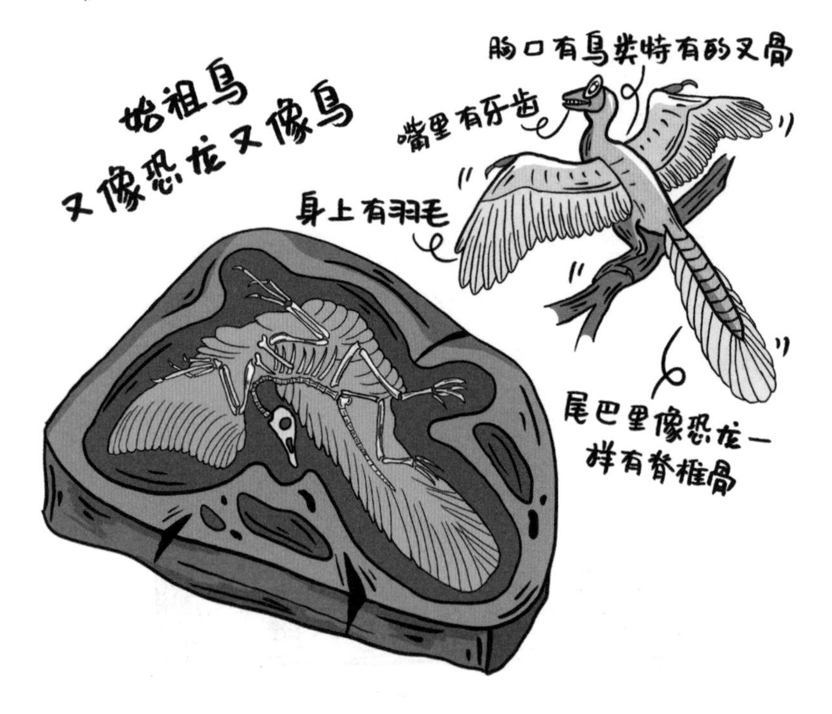

的过渡物种——始祖鸟。始祖鸟是生活在侏罗纪的一种小型恐龙，大小和野鸡差不多。它们的头部像鸟，身披羽毛，长有爪子和翅膀。相比于其他恐龙，它们最显著的特点是可以飞行，虽然飞不高，却是具有历史性意义的一步。

这种具有鸟类部分特征的生物虽然被归类于恐龙，但已经在向鸟类演化的道路上迈出了一大步，因此也被看作是鸟类的祖先。自此之后，鸟类家族不断发展壮大，最终成为新生代时期天空的主宰，将恐龙家族的血脉延续至今。

思考和探索

在白垩纪大灭绝事件中，恐龙王国轰然倒塌。目前，科学家们普遍认为是小行星的撞击导致了这次灭绝事件。但关于恐龙的灭绝原因，科学家们还有很多猜测。快去了解一下还有哪些猜测，并试着分析哪种原因是最有可能的。

第五部分

新生代——哺乳动物的天下

恐龙灭绝之后

钻出洞穴的哺乳动物

在恐龙统治地球的中生代，哺乳动物只是微乎其微的小角色。它们为了避免成为恐龙的美味大餐，不得不缩成一个个“毛球球”，躲在阴暗的洞穴里瑟瑟发抖。这一情形持续了整个中生代。随着恐龙的灭绝，哺乳动物的祖先终于找到了机会，钻出洞穴，开始了统治地球的征途。

生存艰难的哺乳动物祖先

早期的哺乳动物在中生代已经出现，比如鸭嘴兽的祖先——硬齿鸭嘴兽，以及长得像老鼠的多瘤齿兽类。这些动物体形很小，比老鼠大不了多少。它们与恐龙一起生活在地球上，为了躲避恐龙等天敌的猎食，只能生活在洞穴中，在夜里出来活动，多以昆虫为食。有少数哺乳动物为了生存，还练就了一些“绝招”，包括滑翔、挖掘和游泳等。

“上天下海”—— 繁盛起来

在恐龙灭绝以后，地球上的哺乳动物终于迎来了自己的春天。它们的演化呈现爆发式的发展，在短短1000万年内就填补了因恐龙灭绝而留下的缺口。哺乳动物繁盛的原因在于，在恐龙灭绝之后，哺乳动物的生存压力变小，不需要再躲在阴暗的洞穴里，昼伏夜出。它们的体形迅速增大，生物的多样性也随之提高，并演化出了如今统治陆地和海洋的哺乳动物类群。

胎生和哺乳 —— 哺乳动物的进步

我们知道，小鸡是从鸡蛋里孵化出来的，那哺乳动物也是从蛋里面孵化出来的吗？当然不是，哺乳动物的小宝宝在出生时，就已经和成年个体长得差不多了，只是体形更小一些，这样的情况我们称为“胎生”。哺乳动物在还是个小宝宝的阶段，都是依靠妈妈的乳汁获得营养，这一过程可能要持续数月甚至几年，直到小宝宝长大，变得健壮，这个过程我们称为“哺乳”。这也是“哺乳动物”名字的由来。

哺乳动物的胎生和哺乳，为柔弱的幼崽提供了非常重要的保护、营养以及稳定适宜的发育条件，让幼崽在能够独自面对困难之前，获得来自父母甚至整个族群的关爱，从而在优越的营养条件下和安全的环境里迅速成长，还可以学到前辈的“生存经验”。

胎生和哺乳是哺乳动物两大重要的进步，也是哺乳动物能够在新生代繁荣昌盛的原因之一。

随着小行星的撞击，统治地球1.6亿年之久的恐龙逐渐退出历史舞台，躲在洞穴中昼伏夜出的哺乳动物逐渐走到阳光下。科学家普遍认为，哺乳动物的崛起得益于恐龙的灭绝，恐龙的灭绝为哺乳动物空出了位置，没有了竞争对手的哺乳动物得以迅速繁衍，进而统治地球。但是，也有一些科学家认为，哺乳动物脑容量更大，使用胎生和哺乳的模式，比恐龙更能适应环境的变化，因此哺乳动物统治地球是必然的。那么，你认为哺乳动物在自然选择中脱颖而出的原因是什么呢？

冰河世纪

第四纪大冰期

提到赤道的气候，大家脑海里浮现的一定是炎热、多雨。但是，在地球历史上，赤道也曾被厚厚的冰雪所覆盖，那就是在“大冰期”。自地球诞生以来，地球上出现过好多次大冰期，最近的一次是“第四纪大冰期”。

气候寒冷的数万年

我们熟知的“冰河世纪”一般指的就是第四纪大冰期，这是距今最近的一次冰期。第四纪大冰期在大约 1.2 万年前结束。在那次冰期中，全球平均气

温下降，生物圈的形态也发生了彻底的变化——大量依赖温暖环境的动植物灭绝，艰难活下来的动物踏上了漫漫的迁徙之路。

除此以外，在第四纪大冰期，大面积的冰盖还改变了地球表面水体的分布。冰川从两极延伸至赤道，厚达数千米。如此巨大的冰盖盖在地壳之上，让地壳承受了巨大的压力，因此地壳发生了缓慢的下降，比如，南极大陆就曾降到海平面以下。随着冰期结束后冰盖的融化消失，地壳也在慢慢上升，这种上升一直持续到现在。

史前巨兽揭秘——猛犸象

冰期的地球当然极端寒冷，但生物并没有全部灭绝。相反，冰河世纪的巨兽们仍然繁盛，坚持与自然界的严寒做斗争。

猛犸象，又叫长毛象，顾名思义，它们为了适应冰河世纪的寒冷气候，身上披着浓密的长毛，就像穿了一件皮大衣。它们还具有极厚的脂肪层，能够用来保暖。它们曾经是世界上最大的象之一，也是在陆地上生存过的最大的哺乳动物之一，一只成年的猛犸象体重可达12吨。可以说，它们是冰河世纪名副其实的庞然大物。猛犸象还长有长长的象牙。这两枚象牙向上、向外卷曲，是猛犸象最突出的特征之一。虽然它们主要以草类和豆类为食，但是战斗力一点也不弱。

史前巨兽揭秘——剑齿虎

剑齿虎是一类已经灭绝的哺乳动物，与现在的老虎、豹子一样，同属于食肉的猫科动物。剑齿虎最典型的特征是口中有两个长长的、锋利的上犬齿。

这两颗巨大的长牙如同两把利剑，大犬齿旁边还有许多锋利的小齿，剑齿虎也因此而得名。剑齿虎的体形比老虎和豹子都大，但它们行动迟缓，捕杀猎物主要靠伏击。不过，它们依靠强壮的肌肉，能将剑齿插入猎物体内，一击毙命。剑齿虎可以说是冰河世纪最凶猛的动物了。

研究古气候的“无字天书”

如果我问你，如何知道现在的气温，你肯定会告诉我，用温度计就可以了。是的，我们可以通过温度计、湿度计这些仪器来研究和记录现代的气候变化。但是，远古时期的温度又该从哪里得知呢？

气候和环境的每一点微小变化，都会记录在地形地貌、岩石、土壤沉积、两极的冰盖和海底的沉积物中。因此，这些就变成记录地球气候的“史书”，它们见证了地球的气候变化，并将这些变化记录下来，成为我们用来研究全球气候变化历史的重要材料。

一般来说，树木年轮、植物花粉、生物遗骸、江河湖海的水位遗迹、海洋沉积物、洞穴沉积物等，都是古气候学家研究远古气候的工具。古气候学家不放过每一点蛛丝马迹，从这一本本“无字天书”中，追寻古气候变迁的故事。

有孔虫——小生物大用处

有一种古老的生物，早在5亿多年前就出现在海洋中，它们是地球演化历史的见证者，可以帮助我们了解地球的过去。它们就是有孔虫。有孔虫广泛分布在海水中，从赤道到两极，从浅海到深海，都有它们的身影。它们的身体非常小，肉眼看起来小如针尖，只有通过显微镜才能把它们看清楚。

在显微镜下，有孔虫展现出了丰富多彩的形态。不同的有孔虫喜欢不同的环境，有的喜欢温暖，有的喜欢寒冷。通过研究海底沉积物中的有孔虫化石，科学家可以推测出沉积形成时的古海洋环境和古气候。所以，微小的有孔虫也被誉为“大海里的小巨人”。

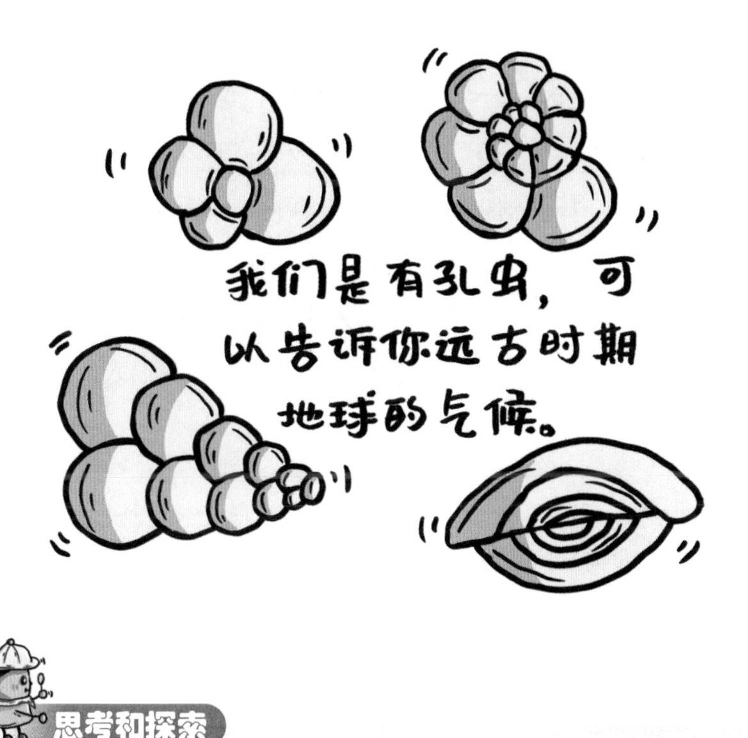

思考和探索

在漫长的地质年代中，全球气候曾有数次强烈的冷暖变化，面对这些变化，生命展现出了令人惊讶的适应能力，比如，猛犸象长出了长长的毛发，剑齿虎披上了保暖的毛皮，还有很多耐寒植物顶着冰雪倔强地生长着，为动物提供食物和氧气。那么，大家都知道哪些耐寒植物呢？如今冰天雪地的南北两极有植物生存吗？

人类的演化

演化历程中的重要事件

自然界中生物的发展，最终导致人类这种能改造自然的特殊生物的出现。

真正的人，能制造工具的人，是出现在最近一百万年之内。对悠远的地球发展史来说，一百万年只是一个很短暂的时间；但和人类有文字记载的历史相比，毕竟是太远了。人们总想弄清这一百万年之内发生的事情。

人类诞生以来的历史不过几百万年，和生命演化的历史比起来实在是太短了。而且，正如李四光先生所说，真正的、能制造工具的人是近一百万年内才出现的。但就是在这一百万年里，人类达到了其他所有地球生物从未达到的成就。就让我们回到人类诞生之初，一起来看看我们人类走过了怎样的路。

露西少女

1974 年，古人类学家在东非发现了距今 320 万年的“露西”化石。研究表明，露西属于最早的人类 —— 南方古猿，因此，露西也被称为“人类祖先”。为什么这种被称为“古猿”的古代生物被当成人类的祖先呢？这就涉及如何区分人类和猿类了。

人类学家区分人和猿的标准是：能不能习惯性地两腿直立行走。科学家在对露西的颅骨化石进行研究时发现，她的颈部位于头部正下方，和现代人的身体结构类似，而不像四足爬行的动物，颈部位于头部背面。因此，科学家断定，露西是双足直立行走，是人类的祖先。

南方古猿的各部分化石骨骼都显示与人相似而与猿不同；而且所有骨骼的解剖性状，都一致表明他们已能直立行走；头脑较为发达，脑容量（450—650 毫升）高于一般化石猿类和现代类人猿。他们是处在人类最原始的蒙昧时代，已经在生活活动中本能地使用石块、木棒等天然工具，但一般地还不能制造工具。

为什么要直立行走?

科学家认为，在 1300 万年前到 600 万年前，现代人类与黑猩猩有着共同的祖先，它们生活在非洲的广袤森林中，在树枝间穿梭。读到这里，也许你会疑惑：既然最早期的祖先生活在树上，古人类为什么要下到地面，用两条腿直立行走?

科学家认为可能有两个原因。

第一，直立行走能够解放双手，使得双手操作工具，而工具的使用让我们祖先的大脑不断发育，越来越聪明，最终成为有智慧的现代人类。

第二，直立行走让人类能够远距离迁徙，从而在更广阔的陆地上生活，狩猎和采摘食物变得更加容易。

“心灵手巧”的能人

能人是南方古猿进一步演化来的。他们身高不过 150 厘米，骨骼结构与现代人相似，手骨和足骨比现代人更加粗壮，但头骨的骨壁比较薄，脑容量也比较小。现代人的平均脑容量约为 1350 毫升，能人只有约 700 毫升，但相比于南方古猿的 500 毫升左右已经有了很大的进步。脑容量的增大代表了智力的提高，而智力则是人类征服自然的关键！

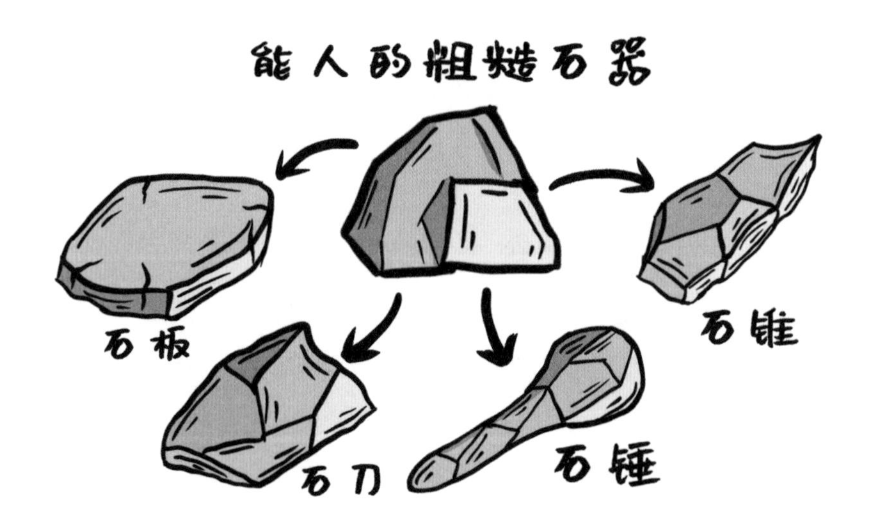

能人化石最早于1960年在非洲的坦桑尼亚被发现。1963年，人们又在那里发现很多化石。1964年，这些化石所代表的人类被定名为“能人”，意思是“心灵手巧”。所谓“心灵”，指的是能人很可能已经有了初步的语言；所谓“手巧”，则指的是能人不仅会制作石器，还会猎取中等大小的动物，并可能已经会建造简陋的类似窝棚的住所。

发现“北京人”

1890年到1892年之间，在印度尼西亚的爪哇岛发现了一种猿人的下颌骨、头盖骨和腿骨。发现者把他定名为“直立猿人”或“猿人直立种”。当时，科学家们还没有意识到这种猿人代表着人类演化的一个新阶段。

1929年12月2日，人类重新认识自身历史的大门被悄然推开。这一天，在北京周口店龙骨山上，科学家挖掘出了第一块完整的古人类头盖骨。后来，考古学家将这种古人类正式定名为“中国猿人北京种”，简称“北京人”。在中国发现的“北京人”头盖骨，是对古人类学研究的一个重大贡献！

“北京人”属于一个“猿人”新的演化阶段。除了在中国发现的“北京人”，后来在非洲和欧洲都发现了类似的猿人化石。他们的形态基本相似，生活在200万—20万年前。国际人类学界一致同意把各地发现的新的猿人化石命名为“*Homo erectus*”。这个命名是拉丁文，直译过来的意思是“人属直立种”或“直立人”。

会用火的直立人

继直立行走之后，火的使用为人类的演化打开了一片新天地。直立人是最早利用自然火的人类，尽管他们可能还不能控制火，但这也已经足够了。在有火之前，古人类可能并不比大型肉食性动物，比如老虎、狮子等更厉害；而有了火之后，古人类改变了大自然的生存法则，力量和速度不再是决定生存的根本因素！

火的使用赐予了人类抵御寒冷、黑暗和危险的能力，极大地促进了人类的演化。直立人的脑已经明显增大，脑容量平均已经达到了1000毫升。而且，脑的结构也变得更加复杂。化石证据表明，直立人已经有了相当复杂的文化行为，很可能已经具有掌握有声语言的能力。

会取火的早期智人

在直立人之后，人类的发展进入智人阶段。早期智人又叫“古人”。早期智人最伟大的创造，是学会了取火。尽管直立人已经学会了用火，但他们用的火可能只是来自闪电或者火山。而早期智人学会了取火，就不用再等待上天的“恩赐”了。从“会用火”到“会取火”的变化为早期智人打开了一片新天地，是人类文明繁荣的根基之一。

至于早期智人是如何取火的，科学家们也没有统一的答案。最有名的说法可能就是“钻木取火”了。就像中国古代神话传说中那样，“钻燧（suì）取火，以化腥臊”。“燧”是取火的工具。传说，一位圣人带领人们钻燧取火，化去了食物的腥臊味道。人们于是把这位圣人称作燧人氏。

不管怎样，早期智人凭借对火的掌握，陆续征服了亚洲、非洲和欧洲的广阔天地。在我国广东曲江发现的马坝人、湖北西部发现的长阳人、山西汾河流域发现的丁村人等都属于这一阶段。这些化石表明，在我国南方、北方都已经有原始人类生活，他们已经会用火、制衣，还会制作精细的石器。

晚期智人

晚期智人也叫“新人”。新人是古人的后裔，但在发展上又有了新的飞跃。这种飞跃首先表现在新人的身体结构和形态上。除去某些细节外，他们已经非常像现代人。他们已属于“智人种”，即现代人种。

在欧洲，晚期智人的代表如在法国发现的克罗马农人。在我国发现的晚期智人化石也相当丰富。在华北地区，有北京周口店的山顶洞人和内蒙古的河套人；在华南地区，有广西的柳江人和四川的资阳人等。

晚期智人身材比较高大，和现代人一样，前臂略长于上臂，小腿略长于大腿。直立行走的姿势和现代人也一样，而不像早期智人那样弯腰曲背。更重要的是，晚期智人的脑容量已经接近1500毫升，是南方古猿的3倍，是直立人的1.5倍。得益于智力的发展，晚期智人能够制造复杂的石器和骨器，

会用石剑、石矛，是机智聪明的猎人。他们甚至已经会用骨针来缝制兽皮衣服了。

在晚期智人向现代人演化的过程中，人类的脑容量非但没有明显增长，甚至还有所“倒退”。但是现代人的智力水平却远远超过晚期智人，这是为什么呢？其实，决定智力的不只是脑容量，更重要的是大脑的结构。现代人的大脑结构变得非常复杂和精细，效率也更高。因此，尽管现代人的脑容量没有变得越来越大，但是现代人的智力水平非常高，为人类文明的“爆发”打下了基础。

爆发的人类文明

在晚期智人出现之后，人类文明的发展进入了一种“爆发”的状态。从旧石器时代到新石器时代花了上百万年，但是从铁器时代到现在不过数千年。人们开始利用电能到现在也才不过一百多年，原子能的利用仅仅是近几十年的事情。不仅如此，在最近的几十年里，人类还利用航天器将探索的范围扩大到地球之外，未来还将跨出太阳系，探索更广袤的宇宙空间！

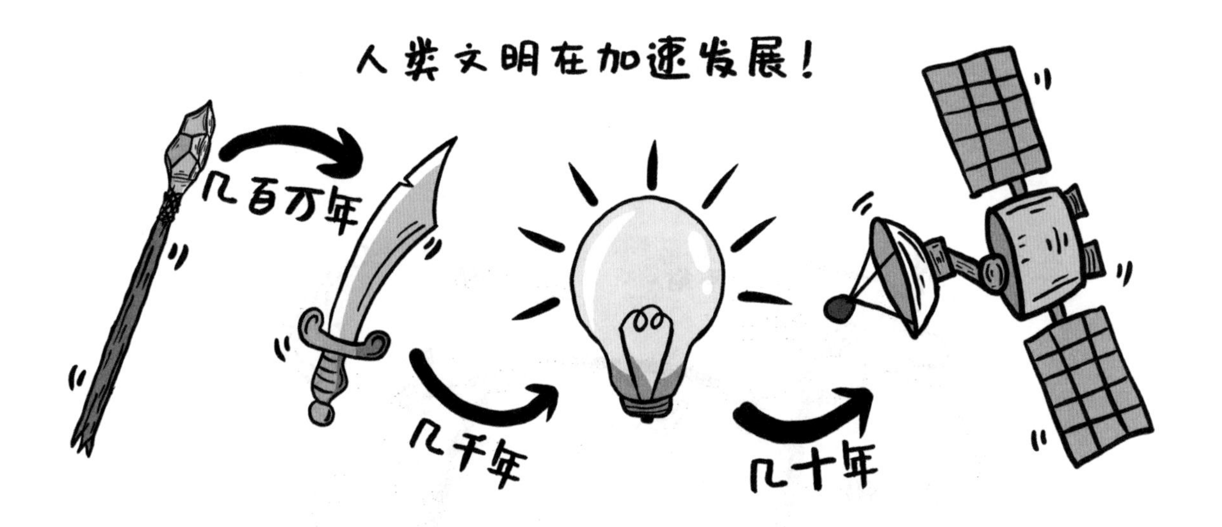

扑朔迷离的古人类演化

“我辽阔广大，我包罗万象。”惠特曼的这句诗告诉我们“小中蕴大”的道理。实际上，小小的基因组内就记录了众多关于祖先的历史。几十年前，科学家对于古人类的研究还主要依靠化石形态和考古发现，但自从DNA测序技术得到发展以来，科学家开始从DNA中挖掘信息，并描绘了一幅横跨数十万年，关于人类起源、迁徙、演化的宏大地图。

走出非洲

近年来，科学家通过研究化石和现代人的DNA，提出了一个大胆的假说——“古人类曾两次走出非洲”，即人类起源于非洲，之后才迁徙到世界各地，而且这种迁徙发生了两次。第一次发生在约200万年前，直立人第一次走出非洲。这些走出非洲的直立人就像星星之火，在各个大洲点燃了人类文明之火。第二次发生在约13万年前，早期智人再一次踏上了走出非洲的旅途。

第一次走出非洲的证据主要来自于对化石的研究。科学家发现南方古猿和能人的化石只在非洲发现，并且最早的直立人化石也出现在非洲。通过把世界各地发现的直立人化石与非洲的直立人化石进行对比，科学家认为直立人在距今200万年左右从非洲向世界各地扩张，这就有了第一次“走出非洲”。

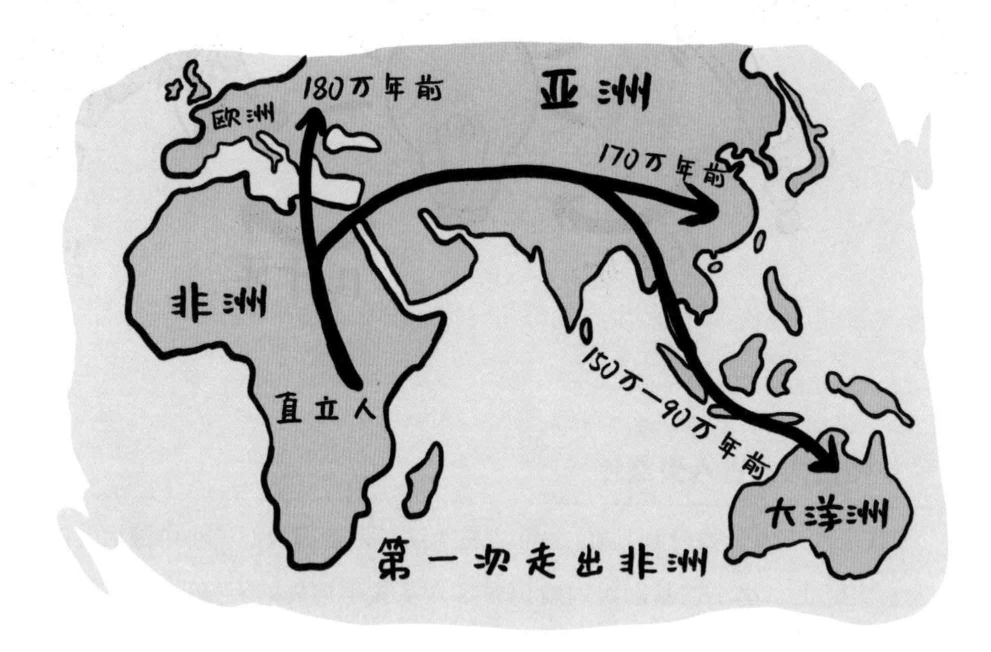

而随着对人类遗传信息的深入研究，科学家发现非洲的人类祖先很有可能又一次走出非洲。欧洲的尼安德特人曾被认为是欧洲晚期智人的祖先。然而，后来科学家发现，尼安德特人和现代欧洲智人的祖先或许在几十万年前就分道扬镳了，根本没有任何直系演化的关系！更神奇的是，从DNA遗传信息上来看，当今世界上所有的人类，几乎都来自于非洲的共同祖先！比如，今天地球上所有人的线粒体——细胞中一个重要的组成部分，都是从大约20万年前非洲的同一位女性（被称为“夏娃”）传下来的。于是，科学家推测，非洲祖先的后代在约13万年前走出非洲，把相同的遗传物质带到了欧亚大陆，于是便有了第二次“走出非洲”。

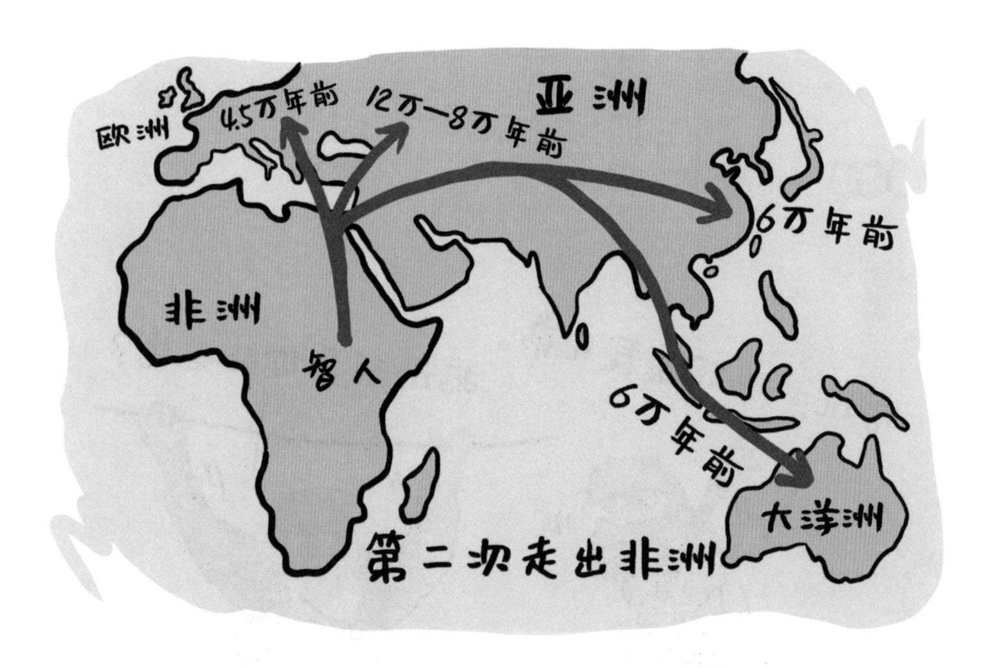

真的是这样吗?

近年来，人类的祖先从非洲诞生，又走出非洲扩散到世界各地，这一观点已经基本被大众接受，但科学的发展常常会颠覆原有认知，构建新的认知。随着对古人类DNA研究的深入，科学家又得出一个惊人的结论：人类大家庭也许不是一棵枝干分明的树，而是一张混血的网。

第二次走出非洲的现代人的祖先——晚期智人很可能与当时其他地区的“土著”，比如尼安德特人，发生过“基因交流”。也就是说，现代人类其实并不完全是某一类晚期智人的后代，而是当时广泛存在的各个人种之间的“混血儿”。

这个结果让科学家感到难以理解。古人类的演化过程也越来越扑朔迷离，需要一代代科学家不断探索，利用历史留下的片段记录，还原这一段神奇的演化过程。

拓展阅读 **人与猴子的真实关系**

关于人类的起源，很多人以为我们是从猴子或者黑猩猩演化来的。实际上，我们可不是从猴子或者黑猩猩演化来的，而是拥有共同的祖先。

科学家认为，已知生存于距今6000万年的最古老的类灵长类物种“更猴”，是人和其他所有灵长类的共同祖先。据科学家们估计，大约在距今700万到500万年之间，人类和其他灵长类动物开始分道扬镳。之后，人类这一支孤独、艰难地演化着。其余的分支则演化为黑猩猩、猩猩等其他灵长类动物。因此猴子和人类应该是类似于远房表兄弟的关系。

所以，当我们在动物园里看到可爱的猴子、猩猩或黑猩猩的时候，可要记住，它们可不能算是我们的祖先，它们是我们人类的表亲。

我们已经知道人类起源于猿类，经历了几十万年乃至上百万年的演化。我们的祖先最早生活在非洲，而后两次走出非洲，其间发生了复杂的基因交流，最终演化成了现代人类。在人类起源研究上，人们面对久远的年代和严重残缺、遗失的证据，就好比盲人摸象。对“我们从哪里来”这一问题的探索，是永无止境的，你又有哪些想法呢？

地球生命的未来

人类纪的故事

人类的活动已经极大改变了地球的面貌，即使数百万年、数千万年后人类灭绝了，我们存在过的痕迹也会深刻地记录在地球的地质历史中。因此，我们正处在一个全新的纪元——人类纪。人类纪是一个尚未被正式认可的纪元，用来描述受人类影响最为剧烈的、地球最晚近的地质年代。

崇拜自然——采集和狩猎文明

在漫长的演化长河中，人类最初是靠狩猎和采集野生植物而求得生存的。这一时期，刚刚站起来的人类只能抓住大自然母亲的馈赠，与自然界融为一体。在这一时期，尽管人类并没有保护环境这一概念，但人类本能地敬畏自然，大多以山河等形象为图腾，还崇拜自然神灵，与大自然和谐相处。

改造自然——农业文明

农业技术的发展，使人类对于大自然的依赖有所降低。同时，人口逐渐增长，村落、城镇逐渐发展起来。为了养活更多的人，人类开始大面积开垦森林、草原。这个时候，人类已经具有了一定改造自然的能力。但是总体来说，农业社会里人类对自然的改造能力并不强，环境并没有遭受太大的破坏。

征服自然——工业革命之后

发生于18世纪中叶的工业革命，极大地提高了人类的生产能力。蒸汽机和化石燃料的大量使用，使人类对自然资源的索取达到了空前的规模。随着人类文明的迅速发展，人口总量呈爆炸性增长。与此同时，人类也向自然环境排放了大量的废弃物。人类开始妄图征服自然，在人类心目中，人似乎成为超越自然之上的宇宙主人。

人类不是主宰者

但是，在征服自然的过程中，大自然也开始了它的反抗——温室效应加剧，环境污染，物种灭绝，林地、草地锐减，能源枯竭……这一切迫使我们人类开始思考，我们和大自然谁才是主人。

地球是我们的家园，是生命的摇篮，是已知宇宙间唯一一颗有生命的星球。在漫长的历史长河中，无数的生物在地球上繁衍生息，形成了如今欣欣向荣的生物圈。人类从诞生以来就得到了地球母亲无私的哺育，获得了智慧，拥有了改造自然的能力，创造了一个又一个奇迹，但人类的无知与贪婪也留下了可怕的后果。我们必须时刻记住，人类不过是生活在大自然怀抱中的孩子，只有当我们与大自然和谐相处时，我们的生活才会更美好，前途才会更光明！

总结语

在这本书中，我们认识了丰富多彩的化石，了解了地球生命演化史上那些重大事件和不同时期出现的神奇的古生物。希望读者小朋友们通过阅读本书，能够对地球生命的演化历程有一个科学的认识。当然，我们对于生命演化的认识还远远不够，这本书中所讲的也只是其中很小的一部分内容，关于生命演化仍然有很多很多谜团等待解开。让我们一起利用自己的聪明才智，不断探索，解开更多的未解之谜吧！